国際基督教大学名誉教授 石川光男

改訂版

自然に学ぶ
共創思考

「いのち」を活かす
ライフスタイル

日本教文社

はじめに

この本の初版ができたのは平成五年、それからちょうど十年後に改訂版を出すことになりました。この十年の間に、日本の社会は大きく変わりました。バブルが崩壊した経済は混迷に陥ったまま危機的状況が続き、社会の治安は悪化し、人々の間に先の見えない不安がしのびよっています。

自分の生きかたにばくぜんとした疑問や不安を感じながらも、基本的に何を手がかりにしたらよいのかがよくわからないまま、毎日の生活に流されていく——という状況は十年前とあまり変わらないのですが、それに社会不安が加わり、その上日本人としての誇りや自信も失ってしまったというのが十年後の現状のようです。

科学の世界では、十年前に使われていた「開放系」という言葉に代って「複雑系」という言葉が使われるようになりました。これまでのものの見かたや価値観の基本的な枠組み——すなわちパラダイムの転換の潮流は、二一世紀にも引き継がれていることを示す一つの象徴が「複雑系」という言葉です。

開放系も複雑系も本質的には、あまり大きな違いはありませんので、本文で使われている開放系という言葉はそのまま残し、第五部で、日本文化との関連性の中で複雑系という用語をとりあげました。〈いのち〉を活かすという視点から日本文化を再評価することによって、日本人としての誇りをとりもどす手がかりが得られると考えられるので、第五部は、〈いのち〉を活かすという視点から、〈共創〉の文化と日本文化に焦点をあてて、改訂版では第五部の構成をかなり変えました。

〈共創〉は十年前に私が創った新しい日本語ですが、今ではすっかり日本語として定着したようです。経済的混乱を視野に入れて、〈共創〉という視点から企業や組織の問題をとりあげたのが改訂版のもう一つの特徴です。

二一世紀を視野に入れて、二〇世紀末に書かれたこの本が、二一世紀の混迷を生き抜くための新しい手がかりとなることを願っています。

自然に学ぶ共創思考

CONTENTS

目次

❖第二部❖ 豊かな時代の光と影

❖第三部❖ 自然の〈いのち〉に学ぶ

❖第四部❖ 〈いのち〉を活かすライフスタイル

装幀——川上成夫・こやまたかこ
カバー・本文写真——武内理能

プロローグ「○×思考」と「△思考」

私は物理学のテストで、「必ずしも正しくない」という解答が必要な問題をよく出します。

❖○と×と△の解答

たとえば、こんな具合です。

次の記述に対して最も適当と思う答えを(a)(b)(c)の中から選べ。

(1)「振り子の周期は、振幅の大小にかかわりなく一定である。」

(a)常に正しい

(b)必ずしも正しくない

(c)誤りである

この問題の正解は一見(a)にみえると思います。

有名なガリレオの伝記には、こんなことが書かれています。

「天井からつりさげられたランプのゆれを注意深く観察したガリレオは、ランプのゆれが大きくても小さくても、ランプのゆれる周期が一定であることを発見した」

これは一般に「ふり子の等時性」と呼ばれ、物理学の教科書にも、「ふり子の周期はゆれの大きさに関係がない」という意味のことが書いてあります。

〝それなら、正解はやはり(a)だ〟と思われるかもしれませんが、それが「落とし穴」なのです。

実は、ふり子のゆれる角度があまり大きくないときは、等時性が近似的になりたつのですが、ゆれる角度が大きくなると等時性はなりたちません。ですから、正解は(b)なのです。

多くの科学の法則には条件がついているのですが、その条件を見落として、結果だけをうのみにする学習が一般的です。そのため、○と×の判断に慣れていて、「正しい場合もあるが、正しくない場合もある」という△の判断をすることに不慣れになってしまいます。

私たちは日ごろの生活の中でも、○と×の判断をすることが多く、△の判断をすることは少ないようです。たとえば、「スポーツは健康によい」という考えかたが一般に普及していますが、やりかたによっては、逆に健康に支障をもたらす場合も少なくありません。

また、生物の世界を弱肉強食とみるのも一面的な見かたで、大局的にはむしろ助けあっている場合の方が多いのです。経済界で常識となっている弱肉強食の競争原理も同じことで、「必ずしも正しくない」と私は思うのですが、どうも経済界の方々はそのようには思っていないようです。

専門の物理学を通じて、「必ずしも正しくない」という「ものの見かた」をおぼえたことは、私にとって一つの大きな収穫でした。「絶対に正しい」と思いこむことが、いかに危険であるか、ということを学んだだけでも、科学に接した価値があると私は思っています。

環境問題をはじめとして、二〇世紀末の現代は西洋主導型の文明が大きな転換期を迎えています。それは近代文明を支えてきた西洋的な「ものの見かた」をすべて○と見て肯定してきたところに問題がありそうなのですが、だからといって、すべてを×とみなすわけにもいきません。これからの新しい文明の方向性を考えるためには△の立場に立って、何が○で、何が×なのかを見きわめる洞察力が必要なように思われます。

❖△思考で生きかたを探る

私は最近いろいろなところで講演をさせていただくことが多くなりました。対象は、経営者、労働組合、宗教団体、医療関係者、婦人団体、環境問題に関するボランティア・グループなど、さまざまです。

ところが話の内容は専門の高分子物理学とはほとんど関係がありません。生きかたや健康、文明のとらえかたなどがほとんどです。

たとえば、平成四年六月に、ニューヨークで行われた医療関係の学会で、東洋医学と西洋医学のちがいに関する特別講演をしましたが、これも専門分野とはまったく関係のない内容でした。

また、平成五年一月、NHK教育テレビの「こころの時代」での内容も、自然界のはたらきを〈いのち〉とみなす、私独自のものの見かたと、それにもとづく生きかたや文明のありかた、東洋思想との関連が中心でした。

この二つの例からもおわかりのように、私の話の内容が東洋的なものの見かたと関連性が深いのは一つの特徴ですが、私は東洋医学や東洋思想の専門的な勉強をしたわけではありません。したがって、東洋の古典の解説をしているわけではありませんし、ましてや、西の文明が×で、東の文明が○という発想の話をしているわけでもありません。

ところが、私の話を聞かれた方の中には、私が西洋文明の否定をしているとかん違いをなさる方が少なくありません。西洋文明の問題点を指摘すると、西洋文明をすべて否定していると受け取る人が多いようです。

私が西洋文明の問題点を強調しすぎるのかもしれませんが、聞く方も「○×思考」で判断をする傾向が強いのも一因であることに最近、気がつきました。この本も注意深く読んでいただければ、全体の流れは「○×思考」ではなく、△の立場に立って○と×を見きわめたうえで、新しい生きかたや文明のありかたを探っていくことに焦点があてられていることがおかわりになるはずです。つまり本書でこれから述べていく〈共創〉思考は、このような「△思考」でもあるということです。

❖物理学と東洋文化

「物理学を専攻されているのに、医療や東洋文化に関心をもたれているのはなぜですか」という質問をよく受けます。

私が青少年時代にからだが弱くて病気がちであったためにヨガなどに関心をもったこと、大学時代に弓道をやって、禅の思想にふれたことなどが、健康問題や東洋文化に関心をもつきっかけとなっています。

また、大学生のときに、キリスト教にふれたことも、生きかたの問題を真剣に考えるきっかけとなりました。若いときは、日本基督教団や国際基督教大学の教会員として、かなり熱心にボランティア活動をやったものです。重度の身体障害児施設や孤児院での奉仕活動、伊勢湾台風の被災地でのワーク・キャンプなどで、学生といっしょに汗を流しました。

このような経験の中から、私は一つの問題に対して、枠組みの中と外から観《み》る目をもつようになりました。

たとえば、物理学の枠組みの中での研究と、近代科学の枠組みを超えた視点とが、私の中で同居しています。ですから、心とからだの関係や、気と物質の相互作用など、通常の科学者が関心をもたなかったり、否定したりする問題にも関心をもっています。

私はヨガや気功などにも関心をもってはいますが、その世界にどっぷりつかって、まわりが見えなくなるような生きかたには関心がありません。私の立場からみれば、近代科学にも限界があり、ヨガや気功にも注意すべき問題があるので、どちらも△なのです。

❖自然から学ぶ

だれでも自分の判断の基準をもっています。科学者は近代科学のものの見かたが基準となり、宗教の信者は自分の信仰が基準となります。日本人には日本人の常識があり、インド人にはインド人の常識があります。判断の基準は国や民族によって異なり、職業や経験による個人差もあります。

価値判断の異なる多種多様の国と民族と個人が生きていくための共通の手がかりが今、求められています。けれどもそれを探し出すのは至難のわざです。おそらく二一世紀の人類に課せられた最大の課題だろうと思います。その手がかりを私は自然に求めました。

「自然から学ぶ」

これが私の基本的な姿勢です。

「自然から学ぶ」といってもいろいろな方法があります。日常的な体験から学ぶ方法、瞑想や座禅のように、小さな自己を超える訓練によって学ぶ方法などは昔からよく知られています。

この他に、科学的知識から学ぶ方法があります。近代科学は、さまざまの形で自然の秘密を解きあかしてきました。それらの知識からも多くのことを学ぶことができます。科学を専門とする私にとっては、新しい科学的知見から自然の本質を知り、それを一つのお手本として、生きかたや、文明のありかたを考えるというのが、一番やりやすい方法です。

この本は、基本的にこのような立場にたって書かれていますが、むずかしい科学的な解説はできるだけさけて、自然界から私が学んだ教訓を主体にしています。

私が自分で学んだことですから、これがすべてというわけではありませんし、それが絶対に正しいということを主張するわけでもありません。

私たちが生物の一種族としての人間であり、自然界の一部である、という明確な事実を直視するならば、私たちがどう生きるべきかという問題の鍵は自然界の中にあり、私たちのからだの中にありそうです。それを古典から学ぶのではなく、現代的な視点に立って、一人ひとりが自分で生きかたを問い直してみるという方向性を提案しているにすぎません。

私は大学で、科学的な知識や、「科学的な考えかた」を学生に伝えています。けれども、〝科学的な知見から、生きかたとして何を学ぶか〟という話はしておりません。それは、理学科のカリキュラムにあてはまらないからです。

大学の外での講演や、私の著作の大半が後者の内容を中心としています。この本も例外ではありません。統計資料や事例の多くは、新聞の記事等を参考にしていますが、基本となっている考えかたは、私独自のもので、今まで気づいたことを、近代文明の反省と転換という視点から整理してみたものです。

第一部

一つの〈ものさし〉の落とし穴

〃狂い水〃と〃百薬の長〃

人はみな色めがねをかけて生きています。
それは見えない色めがね
自分にも他人にも見えない色めがね。

人はみな、ちがう色めがねで世界を見ています。
自分が見ている世界が正しい
だれもがそう信じています。

あなたの見た世界と
私の見た世界と
どちらが正しいかを議論しても
対立は深まるばかりです。

自分の主張を超えて
もっと大切なものに気づいたとき
人と人との新しいつながりが生まれるでしょう。

❖〝狂い水〟がもたらした夫婦のみぞ

一つのものごとに対しても、いろいろな見かたがあります。けれども、多くの人は、その中のどれか一つの見かたを正しいと信じて生きています。たとえば、〝酒は百薬の長〟という考えかたもありますし、〝酒は心身の毒〟と考えて一滴も飲まない人もいます。国際スコーレ協会の機関紙「すこーれ」（一九九一年一二月号）に、お酒をめぐるトラブルの実例が載せられていました。

神谷裕子さん（仮名）は、厳格な教育者の父に、お酒は人間をダメにする〝狂い水〟であるから、けっして近づいてはいけない、と教えられて育ちました。そんなわけで、商社づとめの青年との恋愛中も、裕子さんはけっしてお酒を口にしませんでした。彼氏はいける口だったのですが、デート中はお酒とジュースで、アバタもエクボのふたりでした。

めでたく結婚して、甘いムードの新婚気分のあいだは波風が立たなかったのですが、お酒ずきの御主人の晩酌に毎日つきあっているうちに大きな溝ができはじめました。お酌をしてあげたのをいいことに、御主人が強引に飲ませようとしたのが、一つの引き金になって、やがてお酌をするのもピタリとやめました。

黙々と夕食をすませるような生活が続き、結婚して一年半で夫婦のあいだの空気はカサカサにかわいてしまいました。

専業主婦で、ハケロも見つからず、プライドがあるので離婚をするわけにもいかず、思いきって、生まれてはじめて、つとめに出ました。その仕事の世界でさまざまな人間模様を知りますが、酒はのんではいけない〝狂い水〟と信じる信念は変わりませんでした。

❖演技がとりもどした夫婦のきずな

仕事で親しくなったやさしい婦人に悩みを打ち明けたのがきっかけで、あるカウンセラーに相談することになりました。裕子さんの話を静かに聞いていたカウンセラーは、おおよそ次のようなアドバイスをしました。

「酒はたしかに〝狂い水〟であるけれども、反面〝酒は百薬の長〟という諺《ことわざ》もあります。お酒にかぎらず、ものごとすべてに裏と表があって、良いことの裏には悪い面があり、悪いことの裏には良い面がかくされているものです。

それを単純に自分の好き嫌い、自分なりの価値をはかる尺度だけで、いい悪いを決めつける、という態度はあなたのこれからの人生にとって、けっしてプラスにはならないでしょう。

それでも、自分はお酒はきらいだとおっしゃるのなら、好きになりなさいとは言いません。けれども、縁あって結ばれた御主人でしょう。病気になられたら困るし、長生きして欲しいと思うでしょう。適量をおいしく、楽しんで飲んでもらえるように、いわば一種のテクニックを使うんだと割り切って、とにかく楽しく飲ませるように工夫してごらんなさい。お酒は心に不満をもって飲むと毒になり、楽しくのむと薬になる、そういう二面性をもっているのです」

まだ何となく半信半疑の裕子さんでしたが、ここはひとつテクニックと割り切って、とにかくためしてみようと決心しました。

その夜、御主人が帰ってくるまえに、好みのツマミをみつくろい、お風呂をわかして準備万端、なにかしら、お芝居をしているような、うきうきした気分で帰宅した夫を迎えました。

「ハイ、あなた熱かんよ、おつぎしましょう」

「オッ、どうしたんだ、今晩は?」

ひさしぶりに二人のあいだに笑顔がもどりました。

「裕子もどうだ、一杯」

「生まれてはじめてよ。いただいてみようかしら、ひっくり返ったら助けてね」

〈ちょっと芝居がかっているかな……〉と思いながら、はじめて飲むお酒でしたが、おいしくさえ感じました。裕子さんはまったくの下戸ではなかったのです。そんなことがあって以来、御主人も適量でやめるよいお酒の飲みかたになり、家庭の空気が明るさをとりもどしたのでした。

❖こだわらなければ「和」が生まれる

この身近な実例は、私たちに多くのことを気づかせてくれます。一つは、同じものごとに対して、まったく相反する二つの見かたがあるので、単純に一つの見かただけを絶対に正しいときめつけるのは危険であるということです。けれども多くの場合、私たちは自分の好みや価値基準にしたがって、自分の判断を百パーセント正しいと主張します。

自分の生きかたをはっきりさせるために、自分の判断のための基準を自覚することは大切なのですが、それにこだわりすぎると、他人とのあいだに摩擦が生まれ、結果として自分もストレスをためこむことになります。つまり、自分の判断の基準にこだわりすぎると、人と人との「和」をたもつことができず、自分の生きる世界をせまくしてしまいます。これが第二の教訓です。

私たちは「信念をもつこと」と、「こだわること」を混同することが多いようです。裕子さんが〝酒は狂い水〟であると信じていたのに、恋人の彼氏と仲よくやれたのはなぜでしょうか。それは、彼氏が自分の信念とちがう行動をとることを許容する〝心のゆとり〟があったからでしょう。つまり、彼氏の行動を判断するときには、自分の価値観にこだわっていなかったのです。自分の信念をまげたのではなく、素直に別な価値観を認めることができたのです。

「和して同ぜず」という諺《ことわざ》がありますが、これがなかなかむずかしいようです。自分の判断と相手の判断のどちらが正しいかを論ずることは、学問の世界では大切ですが、ふだんの生活の中では、他人との意見のちがいを認めたうえで、いかに「和」をつくるかが、もっと大切なことだと思います。「和」――それは人と人とのあいだに秩序をつくり出すことです。信念にこだわらず、人と人とのあいだに秩序をつくる道を探す――それがこのお話のポイントのような気がします。

エスカレーターに乗る理由

❖「楽」をえらぶ〈ものさし〉

私たちは、自分で気がつかずに、さまざまな価値観やものの見かたを土台として生きています。そして、多くの場合、自分の生きかたを支えている価値観が何であるのかを意識していませんし、自分が無意識によりどころとしている価値観の意味を問いつめることもありません。

たとえば、階段とエスカレーターが並んでいると、大部分の人がエスカレーターを使います。

なぜでしょう。

それはエスカレーターの方が楽だからではないでしょうか。

つまり、「楽かどうか」という一つの〈ものさし〉をあてがい、「楽はよいことだ」という価値基準にしたがってエスカレーターを選択しているわけです。私たちが日ごろの生活で使う〈ものさし〉には、よい方向と悪い方向の色分けがしてあります。

でも、本当に「楽はよいこと」なのでしょうか。「疲れるよりも、疲れない方がよいにきまっている」というのは、感覚的な答えで、論理的な答えではありません。つまり、無意識的に「楽」な方を選択する自分の価値観の意味は、自分でもよくわかっていないのです。

人間のからだは歩くことによって健康をたもてるようにできています。歩くことによって血液循環がよくなり、動脈硬化を防ぎ、血圧も低くなり、カルシウムも効率よく骨に定着します。しかも、階段をあがるのは平地を歩くのにくらべて三倍ぐらいの運動効果があるのです。

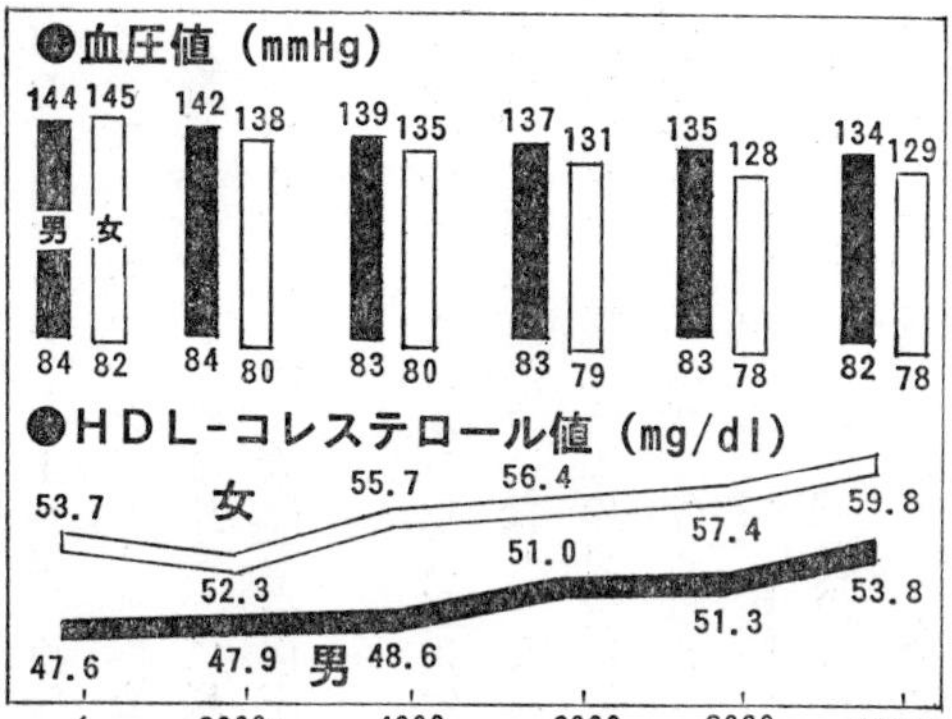

歩数	～1999	2000～	4000～	6000～	8000～	10000～
男	9.2	13.1	20.7	20.4	15.1	21.5%
女	9.5	16.5	24.0	23.0	15.0	12.0

図1,歩数とHDL-コレステロール値、血圧値の関係

厚生省が「平成元年国民栄養調査」の一環としてとり入れた調査結果。下の表は一日の歩数に対する人数の割合。

厚生省が、三〇歳以上の約七五〇〇人を対象に万歩計をつけて、歩く歩数と血液中のコレステロールや血圧との関係を調べたところ、よく歩く人ほど動脈硬化を防ぐ〝善玉コレステロール〟の値も高く、血圧も総じて低いことが判明しました。
HDL―コレステロールは、血管内の余分な脂肪分などを肝臓に運び、動脈硬化などを防ぐので〝善玉コレステロール〟と呼ばれます。調査の結果、このHDL―コレステロールの量が歩く歩数にほぼ比例して増加することがわかりました。また歩数と血圧にも相関関係があり、よく歩く人は最高血圧がさがるという結果も得られています。

❖歩かなければカルシウムが逃げる

また、骨がスカスカになり、骨折しやすくなる骨粗鬆症《こつそしょうしょう》という病気が国民病として注目されています。現在日本の患者は約四五〇万人、その数は年ごとに増加しています。骨粗鬆症の予防にとって大切なのはカルシウムの摂取と運動です。食生活の欧米型化によって、肉類・油脂類がふえて、脂肪のとりすぎの傾向が強くなる一方で、カルシウムだけは大きく不足しているのが、現代の日本人の一般的傾向です。

このように、日本人はカルシウム不足の傾向が強いのですが、とくに気をつけなければならないのは、日常生活のこまめな運動が不足すると、カルシウムはどんどん体外に排泄《はいせつ》されてしまうということです。運動というと、テニスや水泳のようなスポーツを連想する人が多いのですが、運動というのはけっして、スポーツだけを意味するのではありません。歩くことも立つことも立派な運動なのです。

アメリカが有人宇宙飛行にふみきったころ、宇宙飛行士たちは体内のカルシウム不足に悩まされました。どんなに摂取しても、尿などに排泄されてしまったのです。原因は日常的な動作が不足するためであるということがわかりました。宇宙飛行士たちは長時間椅子《いす》にすわりっぱなしで、あまりからだを動かすことができなかったのです。人間は「立つ」「歩く」といった日常的な動作でからだに刺激を与えてやらないとカルシウムがからだに定着しないのです。

堀田かつひこさんがえがく「オバタリアン」は、とにかくよくすわりたがります。自分のからだよりもせまい座席のスキ間に無理にでもわりこむ姿をよく見かけます。しかし、「楽」ばかりを求める生活はからだによくありません。わずかな時間でも、「立つ」「歩く」ことを心がけることが長いあいだには大きな差をうみ出します。

❖寝たきりではボケます

フトンの上に横になるのは、もっとも楽な姿勢ですが、この状態を二、三日続けただけでも、筋肉をはじめとしてからだの諸機能の低下がおこります。この状態を長く続けると、心臓が小さくなり、酸素摂取能力が低下し、起立性調節障害がおこります。

順天堂大学の青木純一郎教授は、これを「安静の害」と呼んでいます。安静の害はからだだけの問題ではありません。寝たきりの状態が長く続くとボケ老人になる確率がきわめて高くなります。三カ月以上も寝たきりの生活をするとおよそ五〇パーセントの確率で老人性痴呆症を誘発するといわれています。

このように考えてくると、「楽」はけっして無条件に肯定すべき絶対的な価値観ではないことがわかります。ときには楽をしたり休息したりすることは、もちろん大切なのですが、いつでも「楽」な方を選択するという無意識的な判断によりかかって生活をすることに問題があるのです。

❖「楽」はタダでは得られない

私たちが「楽」で「便利」な生活をするためには、車やエレベーターなどの機械をつくり、それを利用しなければなりません。工業製品をつくったり、機械をうごかしたりするエネルギー源は石油・石炭などの化石燃料ですが、大量の化石燃料の使用によって排出されるガスによる大気汚染や地球の温暖化が大きな問題となっています。化石燃料の使用による環境破壊に対して大きな責任を負わなければならないのは、日本を含む先進工業国です。世界の人口の約二五パーセントの先進工業国は、化石燃料や原子力発電によって、商業エネルギーの約八〇パーセントを消費しています。地球の温室ガス生産の約七〇パーセントは先進工業国からのものです。

私たちが、あまりつらい思いをせずに「楽」をして生きることができ、「便利」で豊かな生活を楽しむことができるのは、貴重な天燃資源を大量に消費しているためですが、一部の人間が「楽」をするために、地球全体と世界中の人びとに「迷惑」をかけるという犠牲の上になりたっていることになります。「楽はよいことだ」という一方的な価値判断は、このような意味においてもなりたたないことになります。

とくに気をつけなければならないのは、車の使用です。一九七〇年から一九八八年までの一八年間に、日本の乗用車の台数は三・五倍にふえました。家庭の主婦が数百メートル先のスーパーに買いものに行くのに車を使い、休日にはレジャーのために自家用車を使う時代です。ふだん、なにげなく使っている自家用車ですが、日本の車の排気ガスによる大気汚染の約二割は自家用車によるという試算がありますから、自家用車による環境破壊はけっして小さなものではありません。

車の利用によって歩かない生活が定着して、不健康を招き、排気ガスによって環境汚染を加速化し、人類が二度と手にすることができない貴重な天燃資源を浪費しているという事実に着目すると、「便利・楽」を選択するライフスタイルの根拠が、いい加減で自己中心的であることに気がつきます。

〝便利〟と〝快適〟が招く危険

❖不快な〝におい〟も役に立つ

先進工業国の製品は、「便利・快適・効率」といった価値観を基本としてつくられてきました。消費者は無意識的にそのような商品を求め、そのような潜在的な需要をみたすために技術開発が進められています。

たとえば、不快な〝におい〟をとり除くと、人間は「快適」と感じますが、不快な〝におい〟をとり除くことは無条件によいことなのでしょうか。最近は電気蚊取り器が開発されて、不快な〝におい〟や刺激がなくなりました。昔は渦巻き式の蚊取り線香が使われていて、強い〝におい〟があり、煙のそばにいくと目がチカチカしたものです。最近は煙が消え、〝におい〟もなくなり「快適」です。

しかし、〝におい〟がなくても、主有効成分であるピレスロイド系物質のなかには発がん性のあるものもあります。ところが、〝におい〟がないために、蚊がいなくなっても蚊取り器をつけっぱなしにして余分に使いがちになり、換気に気をつける人もほとんどいなくなったようです。じゅうたんのダニ防止に、ピレスロイドをしみ込ませたシートをしく家がふえましたが、この場合もまったく同じことが言えます。

自然界の〝におい〟や刺激は、使い過ぎや、害のある濃い薬物から生体を守るための情報として大切な役目をはたしていることを忘れてはいけません。不快な〝におい〟にも、それなりの効用があるのです。

無臭防虫剤も同じことです。濃度が高くなってもわかりませんから、人間への影響ばかりでなく、逆に衣類の損傷をまねくおそれもあります。昔ながらの〝におい〟のあるショウノウの方が、〝におい〟でチェックできるだけにむしろ安全なのです。

ガス魚焼き器に、「煙・においシャットアウト型」が開発されていますが、煙や〝におい〟をフィルターで吸いとっても、酸素がへって二酸化炭素がふえることに変わりはありません。煙や〝におい〟があれば、いやおうなく窓を開けますが、煙や〝におい〟がないために、空気が汚れているのに気がつかず、換気をすることを忘れてしまいます。

しかも、最近の家屋は、クーラーの普及などで、密閉型になっていますから、不快な〝においのない生活は、五感でわからない有害成分を家庭のなかにとじこめる傾向が強くなります。都市ガスは、人間の〝におい〟による対応をしやすくするために、イヤな〝におい〟をわざわざつけているほどなのです。この例のように、便利で快適な生活の中で、知らぬ間に増えている危険性は、松原雄一氏他による『暮らしの安全白書』(学陽書房)にまとめられています。

「快適」を追求する商品の代表のようなクーラーも、けっしてからだによいものではありません。クーラーによる冷房病の人が多いことはよく知られていますが、冷房病のような自覚症状がなくても、職場、家庭、車などでクーラーづけの生活を続けると、夏の暑さにからだを慣らさないまま秋、冬を迎えることになるために、四季の変化に適応する生理機能に不調をもたらすことになり、冬にかぜを引きやすい、といったツケをもたらすことになりかねません。

人間は自然界との〈つながり〉のなかで生かされている生物ですから、日本人は日本の四季おりおりの変化に、ある程度からだを慣らすことが必要なのです。

❖不器用になった子どもたち

私たちが慣れている「快適」という価値基準も、それほど絶対的な判断のよりどころにならないということがわかります。「便利」という価値観にも多くの問題があります。

小刀で鉛筆を削れなかったり、なま卵のカラをうまく割れない子どもが増えています。それは、鉛筆けずり器やシャープペンシルなどといった「便利」なものができて、手の微妙な動作を発達させる機会がへってきたからと思われます。

けれども、手の指を微妙にうごかす運動中枢と、頭のよしあしに関係する大脳新皮質の発達とが密接な関係があるということを考えるならば、「頭の健全な発達」という視点からも、見過ごしにできない問題です。

「嫁《とつ》がせる日まで、リンゴの皮一つむかせずに育てた」と、とくいげに話す母親がいました。それは脳細胞の微妙なネットワークの発達をさせずに、粗末な頭脳の子どもを育てたという失敗を物語っているにすぎません。手が微妙に動かない人間は頭も微妙に動かないのです。子どもの場合は、手足の動かしかたがそのまま脳の成育と対応します。

日本には「けん玉」「お手玉」「おり紙」のように手の微妙なコントロールを競う伝統的な遊びがありますが、これは脳の発達には大変役に立ちます。このような手の微妙なコントロールを身につける遊びがすたれていくのは大変に残念なことです。光学機械やエレクトロニクスなどの精密な工業製品の分野で、日本の工業製品が優位に立ってきたのは、日本人の手と目と脳の精密なはたらきに負うところが大きかったのですが、日本人の子どもがだんだん不器用になっているのは、日本の将来にとって不安な材料だと思います。

電卓が普及したために、そろばんもあまり使われなくなりましたが、そろばんは単なる計算の道具ではありません。そろばん練習の初歩では指をうごかして計算をしますが、習熟して中級レベル以上になると、指を動かす操作を省略してもそろばん玉のイメージが頭の中ではたらいて暗算できるようになります。つまり、指先のうごきによって、脳のなかに暗算計算のすばらしいネットワークができあがるのです。しかし、電卓をいくら練習してもこのようなことはおこりません。機械の便利さにたよると、人間の心や、からだの微妙な発達がさまたげられるという点は、とくに注意しなければならないと思います。

❖テレビゲームが招く人間性の喪失

最近の子どもはテレビゲームに熱中し、大人はワープロの普及であまり文字を書かなくなり、手先の器用さがますます失われるのが心配ですが、別な問題もあります。テレビやコンピューターの画面を長時間見つづけることによっておこる視力低下や眼性疲労などの眼の不調と、頭痛、肩こりなどの症状が、大人にも子どもにも広がっています。

それればかりではありません。テレビゲームに熱中する生活を送っていると、人間としての脳の健全な発達が損なわれることがわかってきたのです。日本大学の森昭雄教授は脳の前頭葉の脳波を測定し、テレビゲームを週に二、三回以上する人は幼稚園児から大学生まで、脳の前頭葉が正常に機能していないことを発見しました。

前頭葉はいろいろな知識を照らし合わせて、最も望ましい表現方法や、適切な行動を判断し、最終的な意志決定をする部分で、この部分の機能が低下すると、判断力がなくなり、周囲に配慮しない行動をとったり、無気力になったりします。最近の子どもたちに見られる自分勝手な行動や暴力行為などは、テレビゲームの普及と深い関係がありそうです。前頭葉は、伝統的な遊びや動植物とのふれ合いで健全な発達をすることを忘れてはなりません。

なぜ熱を下げるのですか?

❖熱を下げてもかぜは治らない

かぜをひいて、「熱っぽいな」と思うと、たいていの人は体温をはかります。体温が三八度ぐらいあると、「大変だ。熱を下げなければ……」と考えて、すぐにお医者さんか、薬屋さんに走る人が多いようです。

私たちは、いつのまにか「熱はこわいものだ」と思いこみ、「解熱剤で熱を下げる」ことを当然の行為だと思いこんでいます。熱は本当にこわいものなのでしょうか。たしかに、熱のためにひきつける子どもや、重大な合併症をおこす恐れのある場合には薬で熱を下げる必要があるかもしれません。

でも、ウイルスによる一般的なかぜならば、解熱剤にたよらなくても、いったんでた熱は三日ぐらいで自然に下がっていきます。たいていの病気は、自然になおっていくまでの固有の期間をもっています。たとえば、〝水ぼうそう〟や〝おたふくかぜ〟にかかったら、なおるまで一週間ぐらいはかかります。お医者さんでも、〈力づく〉でこの期間を短縮することはできないのです。

ところが、かぜで熱がでた場合は〈力づく〉で熱を下げようとします。そして、かぜの一つの症状でしかない発熱を〈力づく〉でおさえこむことでかぜがなおったと錯覚しがちです。

でもそれは私たちの頭のなかでの一方的な思いこみにすぎません。〈力づく〉で熱をさげても、それはウイルスによってひきおこされた生体内の変化がすべて正常になったことを意味するものではありません。本当にかぜがなおるためには、やはり一定の期間が必要なのです。

❖免疫のはたらきを助ける発熱

かぜのもとになるウイルスが体内に入ると、免疫の機能がはたらいてウイルスとの戦いがはじまります。私たちのからだの中に入った外敵と戦うはたらきが免疫ですが、体内の免疫機能は二つに大別することができます。

一つは体液防御機能で、血液の中に溶けている血清タンパク質などが動員され、体内に侵入した外敵の約九〇パーセントを撃退します。この防御機能を突破した残り一〇パーセントの外敵と戦うのが、細胞性免疫の機能です。白血球の仲間である好中球、マクロファージ、リンパ球などの細胞が、文字どおり〝命がけ〟で外敵と戦い、戦死していきます。

かぜをひいて熱がでるのはこの段階です。免疫細胞たちは病原体と戦いながら「サイトカイン」と総称される物質を放出します。ガン治療などでよく話題になるインターフェロンはこの仲間です。サイトカインは免疫細胞どうしの情報伝達物質としてはたらいたり、脳に情報を送ったりします。脳の中央にある視床下部は体温調節やホルモン分泌の中枢ですが、サイトカインは視床下部に情報を送って、発熱や食欲減退、眠気などをおこさせます。かぜをひいたときによく経験するこの三つの現象は、免疫機能を有効にはたらかせるためにプラスにはたらきます。

つまり、発熱というのは免疫機能をうまくはたらかせるために必要な現象なのです。ですから、解熱剤を使って〈力づく〉で熱を下げるのは、けっして利口な方法とはいえないのです。熱がでてからだがだるければ、素直に休むのが一番からだのためによい方法です。

東京の八王子中央診療所で、〝手づくり医療〟をめざす小児科医の山田真《まこと》さんは、平成二年の朝日新聞に「こども診療室から」を連載し、その中で

「熱なんてこわくないんだ。熱よりも解熱剤の乱用の方がずっとこわい」

といっておられます。薬には副作用があります。そして、よく効く薬はそれだけ副作用を生じる可能性が強いことを覚悟しなければなりません。

また、熱が四〇度もでたといってあわてる人がいます。とくに子どもの場合など、「熱で死んでしまうのではないだろうか。熱のために脳がこわれるんじゃないか」とおろおろす

る親がいます。「あわてる気持ちはわかりますが、四〇度くらいの熱で脳がおかしくなることはありません」と山田真さんは言っています。また、熱でからだがダメになるほどの高温にならないように、熱をおさえるはたらきも、からだの中にはそなわっているのです。

サイトカインの仲間であるインターロイキンⅠは、脳に体温をあげさせる一方で、脳内に発熱予防物質をもつくらせているのです。自然の〈はたらき〉というのは、本当に驚くほど巧妙につくられています。

❖〈力づく〉の技術の限界

熱をこわがり、〈力づく〉で熱を下げようとする考えかたは、これまでの文化のなかに定着してきた一つの常識、つまり一つの〈ものさし〉にすぎません。医学という学問じたいが、このような〈ものさし〉にしたがって解熱剤を研究し、それを使用してきたという事実、そして、このような「ものの見かた」や方法論が次第に軌道修正をせまられているという事実は、〝〈力づく〉で自然をコントロールしよう〟というこれまでの科学技術の考えかたに限界があるということを物語っています。

〈力づく〉で人間につごうのよいように自然をコントロールしようという考えかたは、近代科学技術の大きな特徴です。そのもっともよい例は近代農法です。大量の殺虫剤と除草剤は、〈力づく〉で害虫と雑草を殺そうという考えかたにもとづいてつくり出された化学薬品です。

農薬をつかった農地の土のなかにはバクテリアがほとんどいなくなります。自然の森林のなかでは、土一グラムあたり、およそ一〇億個ぐらいのバクテリアがいるといわれています。土のなかの微生物によって有機物は分解され、無機物となって植物の栄養源となります。ところが、枯れた植物や動物の死骸の処理をする大切なバクテリアを殺してしまった近代農法の土は、微生物のいない「死の世界」なのです。

バクテリアのいない土の中では、作物の栄養をつくり出すことができませんから、大量の化学肥料をあたえなければなりません。化学肥料と農薬によって育てる近代農法には多くの問題があります。

第一に、作物の表面についた農薬や、作物の中にとりこまれた農薬は少しずつ人間の体内にとりこまれるということです。微量であるために、いますぐ個人の生死にかかわる問題とはなりませんが、長いあいだに少しずつとり続けた結果が何をもたらすかは明らかではありません。少なくとも人類に利益をもたらさないことは明らかです。

過去に大量に使用された殺虫剤などの化学物質は、自然のなかでの食物連鎖を通じて、いろいろな種族の動物に、奇形、病気、あるいは〝種〟の絶滅をもたらしています。太平洋のはるか沖合いを回遊しているイルカやシャチでさえ、高濃度の化学物質で汚染されているという報告があります。農薬に代表される化学物質が地球上の生態系に大きな影響をおよぼしているというのが第二の問題点です。これは人類にとっても見過ごしにできません。人間の食べる動物にも、化学物質による汚染の可能性が広がるからです。

第三の問題は、近代農法によって育てられた作物は生命力が弱いということです。農薬と化学肥料によって育てられた野菜は、これらを使わない自然農法による野菜にくらべて、病気にかかりやすく、害虫に弱いのです。生命力が弱いから、ますます農薬が必要になります。近代農法は生命力の弱い植物を食物として供給することを意味します。多量の化学肥料のなかで育つ野菜は十分な根をはらず、いわば「楽」をして育った温室育ちの子どものようにひ弱なのです。

解熱剤と近代農法を例にとって、科学技術を支えている〝〈力づく〉のコントロール〟という考えかたの問題点を考えてきました。ある側面だけを見れば、〝〈力づく〉の技術〟は成功したように見えますが、もっと広い立場で考えると、けっして単純に成功とはいえない〝影〟の部分をともなっているということがわかります。

生きかたを決める〈ものさし〉

❖新年の願い

自分はどんな価値観にもとづいて生きているかを明確に自覚している人もいますし、あまり考えたこともなく、ただばくぜんと生きている人もいます。

自分がどんな価値観で生きているかを知る一つの手がかりは、新年の願いです。特に宗教を信じていない人でも、日本人は元旦に数多くの人が初詣でに行きます。また、とくに初詣でに行かない人でも、新年には何かを決心したり、願ったりします。今年はどんな願いだったでしょうか。

学生さんならば希望校への合格、病気の方は病気の回復、若い人ならば異性や結婚への願いが多いでしょう。社会人にもっとも多い願いごとの典型的な内容は、無病息災、家内安全、商売繁盛です。

これらの願いごとは大きくわけて三つに分類することができます。第一に自分自身に関すること、第二に自分の家族や自分にとって大切な人のこと、第三に自分の仕事に関することです。この三つの内容に共通しているのは、自分の利益や自分の都合を優先していること、つまり自分中心の「もののの見かた」が基礎となっているということです。

❖どんな暮らしを望みますか?

総務庁が一五歳から二三歳までの男女二〇〇〇人を対象に行った「青少年の連帯感などに関する調査」(平成二年度)では、「どんな暮らしかたを選ぶか」という、理想の暮らしに関する質問に対して次のような結果が得られています。

(1)金や名誉を考えず趣味にあった暮らし……五八・五%
(2)のんきにくらす……一七%
(3)金持ちになる……一三・三%
(4)清く正しくくらす……五・四%
(5)まじめに勉強して名をあげる……三・七%
(6)社会のためにすべてをささげる……一・六%
(7)無回答……〇・六%

この調査は昭和四五年から五年ごとに実施していますが、二〇年前の昭和四五年はつぎのような結果となっています。

(1)趣味……五四%

(2)のんき……一八・四%
(3)金持ち……六・六%
(4)清く正しく……一四・三%
(5)まじめ……二・三%
(6)社会のため……三・八%
(7)無回答……〇・七%

過去二〇年間の大勢は、「趣味にあった暮らし」が常に過半数で増加傾向、「のんき」が横ばい、「金持ち」がわずか数パーセントからしだいに増加して、昭和六〇年から一四パーセント前後と倍増、「社会のために」は約四パーセントから半減という傾向をたどっています。趣味を大切にし、のんきに暮らすという、自分の生活重視の生きかたが約七五パーセント、四人に三人というのが現代の若者気質です。

社会に目を向けるよりも、自分の生活やお金を重視するという考えかたは、勤労観にもあらわれていて、同じ意識調査で、働く理由は「お金を得るため」という金銭重視型が三四・五パーセントと増加し、「社会人としてのつとめ」という義務重視型の三二・五パーセントを初めて上まわったのが平成二年度の調査の特徴です。

若者ばかりでなく、社会活動への参加意識の低さは現代の日本人に共通する現象です。経済企画庁は、先進五ヵ国の九〇年版国民生活指標を発表しましたが、「経済的安定」「環境と安全」「家庭生活」などの八つの指標の中で「学習・文化活動」と「地域・社会活動」だけが各国の平均水準を下まわっています。

❖国のために戦いますか？

社会とか国家に対して、現代の日本人が世界各国にくらべて、特異的な価値観をもっているのも大きな特徴です。

たとえば、一八歳以上の人、およそ一〇〇〇人を対象にした「世界価値観調査」でこんな結果が得られています。「あなたは国のために戦いますか」という問いに対して、「戦う」と答えたのは、アメリカ七〇パーセント、韓国八五パーセントに対して、日本はわずか一〇パーセントでした。

「国民が安心して暮らせるように国はもっと責任をもつべきだと思いますか」という問いに対しては、六三パーセントの日本人が「はい」と答えているのに対して、米国一七パーセント、韓国二九パーセントとなっています。

国家に対する要求が非常に強いけれども、国家に対する貢献意欲が極端に低いという現代日本人の価値観がこの調査結果に表れているようです。「国のために戦う」という回答が少ないのは平和愛好の精神の表れとして評価できる側面もあるのですが、過去数十年の個人重視の教育の影響で、「国のため」という価値観がすっかり薄れてしまったのは 気がかりな点です。

❖〈つながり〉を見失った人びと

自分のことで頭がいっぱいになっているために、周囲に対する不平・不満や要求が強く、逆に自分自身の周囲に対する配慮が少ないという欠点は国際社会の中でも問題になっています。

日本からアメリカへホームステイに行った学生のほとんどが、

○あたえられた自分の部屋の片づけができない。
○部屋の電気はつけっぱなしで出ていく。
○食事のあと片づけができない。
○自分のことだけして相手のことは考えない。
○朝シャンやシャワーで、水を無雑作に大量に使う。
○電気や水のことを注意されても、「料金を払えばいいでしょ」という返事をする。

など共通した批判をあびています。

何から何まで自分中心で、人に対する思いやりに欠け、何ごとも金で解決しようとする姿勢に慣れてしまったのが、残念ながら、現在の日本人の一般的な傾向のようです。

自分を大切にして生きることは必要なのですが、周囲との〈つながり〉を大切にして生きることを忘れてしまったところに大きな問題があります。

日本の経済界が円高で好景気にわいていたころ、日本人の不動産の買いあさりで外国の人びとが眉《まゆ》をひそめました。たとえば、ハワイでは、造成中のものも含めて一五ある私営ゴルフ場のうち、一二までが日本人の手にわたるという事態がおきました。

この結果、グリーンフィー（使用料）の値上げや、高い料金を気前よく払う日本人観光客優先の経営姿勢が強まり、ゴルフ場利用をめぐって、住民とのあつれきを生みだすようになりました。

「日本人を優先して現地の会員を二流市民扱いにしている」

といった、現地市長の批判を受けるような事態をまねいたのです。

国際社会のなかでも、「趣味を大切にして生きる」という一つの〈ものさし〉だけで行動すると、まわりの秩序への気くばりがうすれることに気をつけなければならないと思います。

小さくなった〈ものさし〉

❖流されていると人びとの価値観は大きく変わりません

時代が変わると人びとの価値観は大きく変わります。国家の強力な思想統制のなかで、日本人の大部分が、「国のため」「天皇陛下のため」に生きるという価値観を何の疑問もなく、受け入れていたのは、わずか数十年前のことです。私自身も小学生時代に、「早く大きくなって、戦闘機に乗り、米英と戦うんだ」と思って生きていたことをよく憶えています。

その当時は、「国のために生きる」という考えかたは、ごくあたりまえのことだったのです。第二次大戦の戦中と戦後の二つの時代を生きた経験から学んだことは、人間の生きかたや価値観は、時代や社会環境から大きな影響を受けているという事実です。

別な言葉でいえば、私たちは、「自分の意志で自分の生きかたを決めている」と思っていても、多くの場合、基本的にはまわりの多くの人びとの生きかたや価値観の平均値にあわせて流されているに過ぎない、ということに気がついたのです。

まわりの人と同じ価値観で生きていると、自分の生きかたを支えている価値観の本質が見えてきません。そのもっとも良い例は、人間の経済活動や文明を支えている価値観の本質に人類が気がつかなかったという歴史的事実です。

人類は長いあいだ、「人類の福祉」という目的をかかげて経済活動を行い、「人類のための文明」をつくることに何の疑問も感じてきませんでした。ところが、よく考えてみると、これは、人間のつごうだけを考えた「人類中心主義」なのです。要するに、「個人中心主義」や「国家中心主義」の〈ものさし〉が少し広くなって、「人類中心」という価値観に置きかわっただけ、ということになりそうです。

ところが、私たちは自分自身が「人類中心主義」という価値観にどっぷりつかって生きていることになかなか気がつきません。環境問題が表面化するまで、「人類中心主義」という文明の本質とその限界に、ほとんどだれもが気がつかなかったのです。環境問題がこれほど深刻化している現代でも、多くの人びとは「人類中心主義」の限界に気がついていません。足もとの地球がボロボロになっているのに、自分の幸福、自分の仕事、自分の会社で頭がいっぱいの生活をおくっている人は、自然との〈つながり〉のなかで生きることの重要性を見失っている人です。

❖「もっと・もっと」の個人主義

個人中心主義も、国家中心主義も、そして人類中心主義も、一種の自己中心主義です。自己中心主義には長所もありますが欠点もあります。民主主義は一人ひとりの価値判断と、それにもとづく行動の自由を尊重するという個人主義を基礎としています。資本主義社会の活力を生みだす原動力となったのは個人の自由な活動が生みだすエネルギーです。一方、自由主義経済には貧富の差が大きくなりやすいという欠点があります。

そこで、共産主義社会では、強力な国家統制により、富の平等な分配をはかろうとしたのですが、個人の自由が抑圧されたために、個人の自由な活動によるエネルギーを引きだすことができませんでした。自由を抑圧された市民の不満と、自由を求める市民のエネルギーが、ソ連、東欧の激変の背景となっています。ですから、個人主義を中心とした、自由の尊重という価値基準は大きな長所をもっていることは、疑う余地がありません。

ところが、個人的な自由を尊重するという価値観には欠点もあります。その一つは、個人的な欲望を無制限に引きだしてしまうという点です。人間の欲望には際限がありません。資本主義経済はその心理を巧みに利用して、人間の欲望を無限に刺激することによって成立しているといっても過言ではありません。

次々と新製品や新型の商品を開発して欲望を刺激するという資本主義経済は、それほど必要でないものを買いこんだり、まだ使える品物を捨てて新製品と買いかえたりするという安易な生活を習慣化するように仕組まれています。

そのような生活が、貴重な地球資源をムダに使い、ゴミの山をふやして、自分で環境をよごし、自然に「迷惑」をかけているのだということに多くの人は気がつきませんでした。もの・金・セックス・名誉などに対する欲望を「もっと・もっと」と無限に追求することによって、結局自分の人生を泥沼に引きずりこむ人も少なくありません。

人間の欲望の無限の解放という自由は、環境破壊という点から見ても、人間の生きかたという点からみても、大きな限界を抱えているということに気がつきます。

❖小さくなった時空の〈ものさし〉

個人的自由の尊重がもたらす、もう一つの欠点は、空間的・時間的視野がせまくなるために、社会や組織の協調性が弱くなり、長期的展望に立った活動が行われにくい、ということです。百年後の国家、三百年後の人類、五百年後の地球のために、「いま自分がどう生きるべきか」を考えている日本人は少ないのではないでしょうか。私たちは、いつのまにか、自分の人生という小さい〈ものさし〉で時間をとらえ、「生きているうちに何をしようか」「若いうちに何を楽しもうか」という考えかたに慣れてしまったようです。

いまは人生八〇年の時代ですが、昔は人生五〇年の時代でした。そんな時代に、明治維新の志士たちは、「国家百年の大計」のために、二〇代、三〇代の若い命を散らしました。現代の日本人は、生物学的年齢が伸びても、空間と時間の〈ものさし〉ははるかに小さくなってしまいました。それは、第二次大戦後の数十年間に日本に定着した個人主義の影響によるところが大きいようです。

❖千年先を見た飛鳥時代の宮大工

第二次大戦後の日本文化にもっとも大きな影響をおよぼしたアメリカは、個人主義(インディビデュアリズム)の思想が非常に強い国です。そのために、個性や創造力、個人の実力が最大限に発揮されるので、科学技術の分野では多くの新機軸が生まれ、ビジネスの分野では、新市場の開拓が果敢に実行されます。

ところが、個人中心型のため、事業が大きな組織に発展すると結束がゆるぎ、安定成長を困難にするという側面があります。また、一個人が活躍できる期間に、最大の成果をあげようとすると、当然、計画は短期的となり、「百年の大計」という視点から対処するという態度に欠けることになります。

同じような欠点は日本の企業にも見られます。せいぜい一〇年か二〇年先を見るのが経済界の「長期的展望」で、五〇年先、百年先を見通した経済計画というのはあまり見あたりません。けれども、伝統的な日本文化の中には、五百年、千年先を見るというスケールの大きさがありました。およそ千三百年の風雪に耐えた法隆寺の建築物にその一例を見ることができます。

法隆寺の昭和の大修理を手がけた宮大工棟梁の西岡常一氏は、千三百年の風雪に耐えた飛鳥時代の伽藍《がらん》の材料は、樹齢が千年から千三百年ぐらいのヒノキを使っていることを発見しました。千年の樹齢のヒノキでなければ、伽藍は千年もたないということを、飛鳥時代の宮大工はすでに見抜いていたと思われます。

ところが、現在の日本にはもはや千年のヒノキは残っていません。いまの日本で一番古いヒノキが木曽の四五〇年だそうです。結局、西岡さんは樹齢の古いヒノキを求めて台湾まで出かけました。台湾には樹齢二千数百年のヒノキが残っているそうです。

千年先を見た飛鳥時代の日本人と、自分の一生にしか目をむけない現代の日本人、生活の〈ものさし〉が、いかに小さくなってきたかがよくわかると思います。

第二部

豊かな時代の光と影

近代社会を支える二つの〈ものさし〉自由と物質的豊かさ

❖ヨーロッパの近代化

これまでのいくつかの例でみてきたように、私たちが日ごろ判断の〈ものさし〉として、ほとんど無意識的に使っている価値基準は、自分独自のものではなくて、時代的文化的背景のなかで、社会に定着してきた常識的な価値が多いことに気がつきます。

また、現代の日本に定着している〈ものさし〉の多くは、日本特有のものではなくて、先進工業国と呼ばれる国々に共通する価値観やものの見かたの影響を受けています。

明治以後の日本は、ヨーロッパの近代社会をお手本として、文化を形成してきたのですが、〈近代化〉の意味を問い直す余裕もなく、「追いつけ、追い越せ」と、夢中でそのあとを追いかけてきたようです。経済的にはいちおうその目的を達した現在、〈近代化〉とは何であったのかをふり返ってみる必要があります。

そこでヨーロッパの歴史を簡単にふり返っておきます。時代区分のうえでヨーロッパの近代は、ルネッサンスや宗教改革からはじまるとされています。ルネッサンスがイタリアではじまったのが一四世紀から一五世紀、宗教改革がはじまったのが一六世紀ですから、時代区分上の「近代」は一五世紀前後からになります。けれども、一般に〈近代化〉と呼ばれているのは、一七世紀から一八世紀にかけてヨーロッパの一部の国々ではじまった社会生活のありかたを意味しています。そのころ、日本は江戸時代でした。

〈近代化〉を象徴するのは、一七世紀から一八世紀にかけておこったイギリスとフランスの市民革命です。それは、国王や貴族による圧政に対する市民運動でした。フランス革命のスローガンとして使われた「自由・平等・博愛」は近代市民革命の理想をよく表現しています。

一八世紀から一九世紀にかけて、動力を使った大量生産の機械が発明され、それまでの手工業社会から工業化社会への移行がはじまりました。

産業革命の推進力となった動力機械の発明は、一七世紀から一八世紀にかけて発達した自然科学と、それを土台とした科学技術のおかげです。近代科学の礎《いしずえ》を築いたガリレオやニュートンが活躍したのもこの時代です。

❖生き残った二つの価値

このような一連のできごとを背景としてできあがった社会のありかたが一九世紀から二〇世紀にかけて世界中に広まりました。このような歴史的な流れの中で、人びとが意識的・無意識的に求めた本質的な価値、実際に市民が手に入れた価値をさぐってみると、「自由」と「物質的豊かさ」に集約することができそうです。

フランス革命のスローガンは「自由・平等・博愛」ですが、この中でもっとも大きな意味をもっていたのは「自由」であったように思われます。市民革命は私的所有の自由と、富の分配の平等をめざしていました。たしかに、一部の特権階級に握られていた富の独占はなくなりましたが、資本主義社会では資本家に富が集中するという新たな不平等をひきおこしています。資本主義社会では、自由をより基本的な価値とみなし、共産主義社会では平等をより基本的な価値とみなしていたのです。

「博愛」もスローガンとしてはすばらしいのですが、資本主義経済がもたらした自由競争の嵐のなかでは、ごくわずかな役割しかはたしてこなかったようです。〈近代化〉を達成した国々に共通しているのは、市民の私的所有の自由が保障されており、平等ではないにしても、人びとのあいだに物質的豊かさが浸透していることです。そして、それらの国々のものの見かたを支えているのが「合理思想」であるというのも共通した特徴です。

個人の自由　個別価値優先志向

❖心の自由と社会的自由

ここでは、〈近代化〉を支えてきた「自由」という価値の意味と限界について考えてみましょう。ルネッサンス以前のヨーロッパの社会では、人びとは神話や迷信・因習などに束縛されて、精神的自由をえられませんでした。また、封建社会では為政者や支配者に抑圧されて、政治的・社会的に束縛された生活を強いられてきました。

たとえば、一七世紀に地動説を唱えたガリレオ・ガリレイは、天動説を信じていた教会と対立し、宗教裁判にかけられ、教会から破門されました。コペルニクスの地動説を支持した『天文学対話』は発行停止となり、人びとの面前で自分の説を捨てること、のろうことなどを誓わされ、毎週一回、七つの悔い改めの讃美歌を歌うように命ぜられました。ガリレオに対する圧迫は死後もつづき、彼の死体はフィレンツェの先祖代々の墓所に埋葬することも、公式の葬儀をだすことも禁じられたのです。

この破門は二〇世紀の末まで続いていたのですから驚きます。一九九二年一〇月三一日に、ローマ法王ヨハネ・パウロ二世はバチカン科学アカデミー総会閉会式で演説し、ガリレオは「誠実な信仰者」であると述べ、三五九年四カ月と九日ぶりに破門を解くことを正式に表明しました。ガリレオは、三百数十年ぶりに、教会の権威による束縛から解放されて、自由を得たことになります。

現在の日本ではこのような非合理な社会的規制に縛られることはありません。〈近代化〉によって、私たちは思想・信仰などに関する精神的領域における抑圧から解放されると同時に、政治的・社会的束縛からも解放されて、一応は民主化された社会のなかで自由に生きることができるようになりました。

❖自分という〈存在〉からの判断

ところが自由はたしかに大切な価値ですが、これを絶対的な価値基準とみなすことは危険です。すでに述べたように、自由が定着した近代社会の中では個人中心主義が一般化し、それにもとづいて個人的欲望の無限の追求が行われています。人びとは物質的豊かさを求めて欲望の充足をはかってきましたが、その本質は「便利・快適・効率」です。それらの価値を一方的に追求することに、さまざまの限界がつきまとうことは、すでに述べたとおりです。

自由主義社会では、一人ひとりの価値観を大切にすることが基本となります。その社会を支えてきた近代ヒューマニズムは、個人を権利主体として尊重するという考えかたが基礎となっています。そのような権利主体であるという点ではだれもが平等であり、それゆえおたがいに尊重しあい、博愛の精神によってまじわらなければならない、というのが近代ヒューマニズムの倫理観です。

このような考えかたは、個人という〈存在〉に焦点をあてています。私たち自身も、気がつかないうちに、自分という〈存在〉を前提にしてものごとを判断しています。ですから、「自分が生きているうちに何をして楽しもうか」、という発想になり、「まわりのために自分をどう役立てるか」「死後に何を残そうか」という発想が、なかなか生まれてきにくいのです。

自由を尊重する生きかたとは、個人という〈存在〉を重視する生きかたであるといってもよいかもしれません。個人という〈存在〉を重視して、それぞれの価値観を大切にしますから、自由主義社会は〝個別価値優先志向〟の社会であるということになります。個人的存在重視という考えかたは、人と人との絆《きずな》を薄れさせます。核家族化、ひとり暮らしの老人の増加、親子の絆の希薄化、子どものいじめの増加などがそれを物語っています。すなわち〈存在〉を重視すると、人と人との〈つながり〉が弱くなります。

むかしはヒューマニズムといった倫理観や宗教的信仰がこの欠点をおぎなう役割をはたしてきたのですが、理性中心の合理主義の浸透とともに、倫理や信仰による抑制も希薄となり、自由という価値だけが肥大化する傾向を強めてきました。

❖個人の判断で流される社会

近代社会が形成されるまでは、個人に先行し、個人を規制する〈存在〉としての社会という考えかたがありました。昔の武士が藩のために命をかけ、昭和初期の日本人が国家のために生きることを当然と思っていたことを考えると、現代社会とのちがいがよくわかります。

近代社会は、個人に先行する社会という社会観を捨て、個人の集合体としての社会という考えかたをとるようになりました。したがって、社会の意志も個人の意志の合計ということになります。これが民主主義社会の本質ですが、ここでは、個人の個別価値が優先するため、社会がどちらへ向かうかという方向がはっきりしません。すなわち、社会はかなり自己中心的な個人的価値観の総意によって、右にも左にも流れることになります。すなわち、全体的・総合的(ホリスティック)な視点をもたずに、その時代の一般的な通念や常識によって、どこへでも流される社会が形成されることになります。

そのような弱点が表面化しはじめたのが二〇世紀末の特徴です。たとえば、先に述べたように、環境問題は自由を獲得した個人が、欲望追求のために無意識的に「人類中心」という価値観を前提として生きかたを考え、文化を創造してきたことに本質的な原因があります。近代社会形成に大きな役割をはたしてきたヒューマニズムもまた「人間中心」という枠組みの中で、社会の進む方向を示したにすぎません。政治や経済を支える、人類の福祉、文化の向上という指標そのものが、「人類中心主義」という現代文明の限界と矛盾を示しています。二〇世紀末の人類が直面する環境問題は、個人の自由、人類の自由という価値観が一つの限界にさしかかっていることを意味しているのです。

❖〝個別価値優先志向〟の限界

〝個別価値優先志向〟は、個人にかぎられるわけではありません。企業、政治団体、国家、民族など、ほとんどあらゆる種類の人間集団にみられる現象です。二〇世紀には数多くの国々が独立しましたが、民族紛争はあとをたちません。企業も、民族も国家も、自分たちの目先の個別価値を優先させて、総合的・長期的視点から地球規模の問題の解決をすることをなおざりにしてきました。〈近代化〉の内在的指導原理であった〝個別価値優先志向〟は、全人類的・地球的規模の問題解決には適していないのです。

〝個別価値優先志向〟は、さまざまの価値の中から一つの価値をとりあげ、それを絶対化したり、最優先させたりする考えかたを意味しています。一つのものの見かたや価値を絶対化する考えかたを一元主義と呼ぶことにすると、〈近代化〉は「個人の自由」や「物質的豊かさ」を無意識的に絶対化する一元主義によってなりたっていたことがわかります。

そして、人類全体が「人類中心主義」という一元主義の枠のなかで文明をつくっていたことになります。

物質的豊かさの追求　一方向性志向の文化

❖「物質的豊かさ」を求めてまっしぐら

近代社会形成の基本的な指標となった「自由」という価値は、権利主体としての個人、組織、民族、国家が、それぞれの個別価値を追求するという価値相対主義を生みだしてきました。

ところが、もう一方では、人びとは欲望を満たすために、文化的・時代的背景のなかに潜在する共通の価値を求めて行動するという側面をもっています。「物質的豊かさ」の追求はその一例です。〈近代化〉がはたした一つの大きな役割は貧困からの解放でした。近代工業化社会は、自由を獲得した人間が、物質的豊かさを経済的競争によって実現しようとした社会という性格をもっています。

「物質的豊かさ」という一元的な価値へむかって、人びとはまっしぐらに行動しました。それは、私たちの行動を支配する〝一方向性志向〟と呼ぶことができます。自由主義社会では、自分独自の判断によって行動を選択する自由をあたえられていながら、基本的には社会に内在する潜在的な共通価値を求めて流れていくという側面をもっています。すなわち、社会のなかで常識的に認められている、ある種の価値を絶対化し、その価値を無条件に追い求めるのが〝一方向性志向〟の本質です。近代社会のなかに定着した個別価値の一つが、物質的豊かさだったのです。この目的に沿って、先進工業国では、たしかに物質的に豊かになりました。日本も欧米諸国のまねをして、経済大国と呼ばれるほど豊かになりました。

けれども、物質的豊かさのみを追求した〝一方向性志向〟の〈近代化〉は、さまざまの矛盾と限界につきあたっています。

❖資源収奪型経済の限界

第一の問題は、〝資源収奪型〟の経済システムの限界です。産業革命以来のエネルギー資源は石炭・石油などの化石燃料ですが、これらはおよそ二億年も前の太古の時代の生物が、その時代の太陽エネルギーを光合成によってたくわえ、それらが地底に推積してつくり出された再生産不可能な地球の財産です。いいかえると石炭・石油は何億年もかかって圧縮された太陽エネルギーのかたまりなのです。

その貴重な財産を産業革命以来のわずかな期間に湯水のように大量に消費して手に入れたのが先進国の物質的繁栄です。大量の化石燃料の急速な使用によって排出されるガスは、地球という自然の浄化能力を上まわり、地球環境に深刻な問題をひきおこしています。そのようなガスの濃度は、産業革命以来急増し、二酸化炭素は二五パーセント、酸化窒素は一九パーセント、メタンは百パーセントもふえています。多くのヨーロッパの森林は、発電所から排出されるガスや自動車の排気ガスで枯死し、ノルウェーとスウェーデンの湖は、硫黄と窒素の酸化物による酸性雨が原因で、生物の住まない死の湖になりました。また、排出ガスによる地球の温暖化も大きな問題となっています。

先進工業国が手に入れた物質的豊かさとは、何億年もの地球の財産を一挙に浪費し、地球環境を急速に破壊するという犠牲のうえになりたっていたのです。

二〇世紀の先進国の物質的豊かさを支えたのは石油ですが、その石油もあと数十年で枯渇すると予測されています。天然ガスも同様です。石炭の埋蔵量は石油・天然ガスよりもずっと多いのですが、燃やしたときに石油よりもずっと多くの有害ガスを出します。原子力エネルギーが多くの問題をかかえているのは周知の事実です。〝資源収奪型〟の経済システムは、環境と資源の両面からみて、矛盾と限界をかかえていることになります。このような視点からみれば、経済成長至上主義という〝一方向性志向〟の経済政策は転換をせまられているとみなさなければなりません。

❖先進国優先主義の矛盾

第二の問題は、〝先進国優先主義〟です。物質的豊かさを求めた〈近代化〉は、ヨーロッパ流の生活や社会のありかたを世界に広げることを意味しましたが、一方では、生産力の増強を目的として工業化を進める先進国が、自分たちの豊かさの追求のために、貧しい国々を支配するという政策をとって進められました。

自由放任の経済思想に支えられて、工業化を進めた国々は先を争って植民地支配を拡大しました。フランス革命の「自由・平等・博愛」のスローガンは、自分たちの国のなかだけで通用する理想だったのです。

イギリスの植民地支配に対する非暴力独立運動を続けたマハトマ・ガンジーは、『インドの自治』という本のなかで、奴隷であるインド人も立派な人間であること、インド民族を奴隷民族とみなすことは、反人類的であると力説し、インド人に多大の感銘をあたえました。ガンジーはこうも言っています。

「西洋に協力しないということは、西洋に抗するものではない。それは物質文明に反抗し、物質文明からくる弱者搾取に反対するのである」

明治維新以後、ヨーロッパの列強諸国に追いつこうとして日本も富国強兵政策をとり、第二次大戦ではアジアの国々に多大の迷惑をかけました。被害を受けた国々は、このことをけっして忘れてはいません。私たち日本人は、たとえ直接かかわっていなくても、同じ国の国民として、だれもが被害を受けた国々に責任を負っていることを心に銘記すべきではないでしょうか。

先進国優先の工業化は、世界を北側の工業圏と南側の農業圏とに二分し、南北の貧富の格差を急激に増大させました。それが「南北問題」です。産業革命以前、ヨーロッパにおけるひとり当たりの物質とエネルギーの消費量は、今日の開発途上国とあまり大きな差はありませんでした。しかし、現在では豊かな国々のひとり当たりの消費量は、開発途上国の約四〇倍、極端な場合では百倍以上にもなっています。

化石燃料の消費の七〇パーセント、車の消費の九〇パーセント、化学製品生産の八五パーセント、軍事支出の八五パーセントが、世界人口のわずか二五パーセントを占めるにすぎない豊かで技術的に進んだ国によるものなのです。世界人口の約四分の三の国々は、世界全体の富の一五パーセントしか手に入れていません。およそ三六億人の人びとが、低所得および中の下の所得の発展途上国で生活しています。世界銀行は、極貧層として年間所得二七五ドル以下というカテゴリーをつくりましたが、こうしたカテゴリーに含まれる人びとは、一九九〇年で、発展途上国の国民の一八パーセントにものぼり、その数は増加しています。

これらの貧しい国々の人びとは、仕事がないのがあたりまえ、たとえあっても賃金は極端に低く、労働条件も劣悪です。小学校があっても、子どもたちは貴重なはたらき手なので、学校にかよう時間をつくるのは困難です。社会保障制度はまったく存在しませんから、洪水や旱ばつ、病気におそわれれば、一家は生きる手段をまったく失ってしまいます。発展途上国の新生児の年間死亡率は、一〇万人あたり二九〇人(一九八〇〜八七年)ですが、先進国では二四人にすぎません。

これらの数字をみれば、物質的豊かさを追求した〈近代化〉が、いかに〃先進国優先主義〃であったかがわかります。もし、一つの国家のなかで、これほどの富の不平等があれば、反乱の火の手があがっても少しも不思議ではないほどの格差だといってもよいでしょう。

❖効率優先主義と大量消費経済

「物質的豊かさ」を実現した「文化的」な生活をささえている価値は、「便利・快適・効率」です。これらもまた、人びとの行動を方向づける〃一方向性志向〃の内容となっています。便利・快適・効率などがけっして絶対的な価値基準となりえないことはすでに述べたとおりです。経済界における効率優先主義は、社員を組織の歯車として組みこむという傾向を助長し、個人の本来の個性や創造性を抑圧する傾向を強めてきました。そればかりか、企業の効率優先主義は、しばしば過労死という悲劇さえ生みだしています。

便利で快適な商品を提供する大量消費経済は別な意味での〃一方向性志向〃に根ざして

います。それは生活の一断面だけの利便性に焦点をあてた使い捨て文化であり、大量のゴミのあと始末を最終的には自然に押しつける文化です。

たとえば、プラスチックは生活のあらゆる部分で使われている大変便利なものですが、かさばるうえに容易に分解しないという性質はゴミとしては大きな欠点であり、環境汚染の悪役として大きな問題となっています。水に溶けず、いつまでも腐らないので、世界で大量に生産されるプラスチックはやがて同量のゴミとなって地球上にたまり続けています。

人類の文化活動によってつくり出されたゴミは地上にたまっているばかりではありません。宇宙にも人工衛星の破片などの浮遊ゴミが急増しており、九〇年代末に国際協力で完成させる予定の宇宙基地は、猛烈な勢いで飛びまわっている宇宙ゴミの衝突から守るために、特殊な〝ヨロイ〟で守らなければならないハメに陥っています。

車の排気ガスやフロンガスも広い意味では文化活動によるゴミとみなすことができます。大量消費経済とは大量のゴミを地球と宇宙に溜《た》め続ける〝一方向性志向〟の経済だったのです。

人類はみずからの文化活動によってつくり出した大量のゴミによって、みずからの首をしめていることになります。経済活動によってゴミが排出されるのはある程度避けられないとしても、これまでの商品開発や経済活動のなかでは、最初からゴミ処理の問題が視野のなかに入っておらず、企業も個人も最初からお役所まかせの姿勢をとっていたことに問題があります。

❖「わかったつもり」の学習

〝一方向性志向〟は教育のなかにも見られます。多くの時間とエネルギーをかけて行われる日本の学校教育の大半は、大量の知識の一方的伝達です。生徒は自分の頭でものごとを整理したり、まとめたりするという思考をほとんど行わずに、教科書的知識を受動的に受け取ることに慣れて、いつのまにか学習とはそのようなものだと思いこんでいます。私たちは、いつのまにか、外から受け入れた知識だけで世界を判断し、「わかったつもり」になっていることが多いようです。

日曜日に植物観察の会を開いているある先生は、どの親子もハンで押したように、新しい植物を見つけるたびに先生に名前を聞いて満足するという行動をくり返すことに気がつきました。親も子も自分の目で自然を観察し、何かを学びとるということに慣れていないのです。

同じ種類の植物でも、みなそれぞれに個性があって、よく注意して見れば、まったく同じ個体が二つとはない、というようなことに気づく人はほとんどいません。同種類の植物の大まかな特徴と種類や名前をおぼえるだけで、「わかったつもり」になってしまうのです。「わかったつもり」の知識は、テストでは役立ちますが、人間的な成長にはあまり役立ちません。

大量の知識の伝達は効率よく画一的な人間をつくることはできますが、個性豊かで創造的な人間をつくることはできません。知識の伝達による画一的な人間の養成は、大量生産による工業化社会には適していたかもしれませんが、文明の転換期を迎えている現代のような社会では問題がありそうです。新しい文明の創造のためには、〝一方向性志向〟の教育もまた転換をせまられているようです。

科学的認識は自然の似顔絵 科学を支える三つの特質

❖理性をたたえる近代社会

私たちは「科学的」といわれると無条件に信ずることが多いようですが、科学も一定の〈ものさし〉をもっていることに注意しなければなりません。ここでは、近代社会を支えてきた合理思想の意味と本質をさぐってみることにします。

科学的認識の第一の特徴は理性至上主義です。科学の発達は理性的認識の集積の上になりたっていますが、その影響を受けて、人間の精神的機能のなかで、理性的認識が最高であるとみなす考えかたが、近代社会のあらゆる側面に浸透しています。

フランス革命は、キリスト教の神に代わって人間の理性を讃美する革命でもありました。ルネッサンスによって開花した人間讃歌は一七世紀から一八世紀にかけて現れた多くの思想家たちによって理論化され、人間の理性の無限の可能性と能力に対する信頼が最高潮に達した時期でもあります。

たとえば、自由放任の経済思想は、産業革命が最盛期を迎える以前に、フランスのケネーが提唱し、のちにイギリスのスミスが理論化した思想ですが、スミスは経済活動を行う人間の理性的な倫理性に楽観的なまでの信頼を寄せていました。

理性的な認識や判断は、自然科学の研究においては大変有力な武器となります。ところが、経済や政治活動で大切な役目をはたす倫理性は理性的な判断だけではコントロールできないのです。理性を讃美して、「自由・平等・博愛」をめざしたはずの〈近代化〉が、資本家や先進国による富の独占と弱小国からの搾取を正当化したという歴史的事実がそれを証明しています。

❖理性優先の〝一方向性志向〟

個人の自由を尊重する民主主義もまた、個人の理性的判断に絶対的信頼をおくことによってなりたっています。社会の本質を個人の集合体とみなし、社会の進むべき道を構成員である個人の意志にゆだねるのは、個人の理性的判断を信頼しているからにほかなりません。教育が理性的な理解を中心とする知識の習得を主体とするようになったのも、理性優先の人間観を象徴しています。

人間の心の〈はたらき〉には、「知・情・意」などの多様な側面がありますから、理性による知的認識を優先させる人間形成は、心の機能のなかで、理性という個別価値だけを優先させる〝一方向性志向〟を意味していることになります。

理性の発達によって人間は知的にかしこくはなりますが、人間性が豊かになるとはかぎりません。先進工業国における犯罪の増加がその一例です。日本では高級車を乗りまわしている人が空きカンを平気でどこへでも捨て、家庭内暴力も珍しくはありません。これが「高等教育」の普及した日本の一面です。

理性を重視して知的教育を行っても、自己中心性や物質的豊かさへの無限の欲求は抑制できません。理性だけが発達した人間は、一定の目的を達成するために合理的な判断を下すことはできますが、自分自身の行動の意味を総合的(ホリスティック)な視点から判断するという点では弱点をもっています。

経済至上主義にどっぷりつかって仕事をする社会人や、せまい研究分野の枠の中から一歩も出られない専門家の姿がそれを象徴しています。理性至上主義は人間の精神の無機質化をもたらし、一定の目的を遂行するロボットにも似た人間を育てやすいようです。

❖写真は客観的な記録?

このような傾向を生みだすもう一つの原因は、科学の研究におけるものの見かたや方法論と密接な関係があります。科学の研究においては客観性や分析的方法が重視されます。これが科学的認識の第二の特徴です。理性至上主義が認識の主体に関する特徴であるのに対して、第二の特徴は科学的な世界観や方法論に関する特徴です。

科学では客観性が重視されますが、これはだれが観測しても同じ結果が得られること、あるいは観測をするという行為によって対象が変化しないことを意味します。たとえばカメラで写真をとったときに、写真をとることによって自然に何の影響もあたえなければ、写真の客観性が保証されたことになります。

相手が自然の場合には比較的問題が少ないのですが、人間の場合にはカメラを向けただけで相手の表情が変わってしまうのはよく経験することです。この場合には、写真をとる前の表情と写真の表情とは異なるわけですから、厳密な客観性はなりたたないわけです。また、写真をとる相手によっても心の状態が変わりますから表情も変わります。対象が自然の景色でも、フラッシュを使うことによって、自然の明暗や色は変化しますし、フィルムの種類によっても色調は変わります。すなわち、写真撮影という観測手段じたいが観測結果を変化させることになり、自然の風景をとる場合でも厳密な意味での客観性を保証するのは困難なのです。

科学の研究では、実験によって対象にあたえる影響をできるだけ少なくするように注意をしますが、一般的には、実験手段によって対象とする自然現象にある程度の影響をあたえることは、やはりさけられません。ことに、原子や電子といったミクロの世界では、観測によって対象が変化するのは原理的にさけられないということがわかっています。すなわち、自然科学の世界でも、客観的事実を得るのは大変困難なことなのです。

❖科学分析では〈つながり〉が見えない

客観性が保証されるためには、観測をする人間と観測される自然とが完全に分離されていなければいけません。ところが、自然界は森羅万象みなつながり合っているのが本来の姿です。人間も観測機械も自然の一部ですから、完全に分離をすることは困難なのです。けれども、すべての現象がつながり合ったままの形で研究を進めるのは困難ですから、やむを得ず自然現象を細かくわけて調べます。これが分析と呼ばれる研究方法です。

たとえば、食物をたくぱく質、脂肪、糖分、ビタミン、ミネラルといった成分にわけて考え、ビタミンAにはどんなはたらきがあり、ビタミンBにはどんなはたらきがあるかを詳しく調べるわけです。すなわち、自然現象をこまかな要素にわけて考えるのが分析と呼ばれる方法の特徴です。

このように食物を栄養素にわけて考えることによって、個々の栄養素の重要なはたらきを知ることができます。その知識は役に立ちますが、それだけでは栄養と健康の問題を考えるうえで十分ではありません。それぞれの栄養素がおたがいにどんな影響を及ぼすのか、からだの中でどのように分解し、体外に排泄《はいせつ》されるのかといった問題を知らなければなりません。

たとえば、日本人に不足がちな栄養素はカルシウムですが、砂糖の摂取量が多すぎると、余分な糖分を処理するために貴重なカルシウムが使われてしまいます。現代の日本人は摂取限度の一五倍もの砂糖を食べているというデータがあります。体重一キロ当たり一日に〇・五グラム程度が限度といわれていますから、体重五〇キロの人で二五グラム、小学生では一五グラム程度が適量の限界です。

ところが、缶ジュース一本に三〇グラム、ショートケーキには四〇グラムもの砂糖が入っていますから、缶ジュースや甘いものをよく食べる子どもや大人は、過剰に砂糖を摂取しています。この過剰な砂糖を処理するために驚くほど多量のカルシウムが必要となります。三〇グラムの砂糖が余ると牛乳七リットル分のカルシウムが奪われるといわれています。実際、現代の日本人にはむし歯と歯周病が多く、子どもにも糖尿病がふえています。

食物のいろいろな成分は、それぞれが独立な〈はたらき〉をするのではなく、それらがみなおたがいに影響をおよぼし合っているのです。このように、分析という方法で全体を部分にわけ、部分の性質を知ることは大変役に立つのですが、部分と部分の〈つながり〉を軽視したり、現象の全体像を見失ったりするおそれがあります。

その一つの例が、自然支配型の技術です。第一部でとりあげた〝〈力づく〉の技術〟は、人間が自然界の一部であることを忘れて、人間の思いこみや人間のつごうだけで自然を支配しようとしたところに本質的な問題があります。人間が自然を支配する、という考えかたは、人間と自然を分離する自然観によって正当化されます。すなわち、自然支配型の技術は人間と自然を分離するという世界観から生まれているのです。このような世界観から、人間という「自然の一部」だけを重視する〝個別価値優先志向〟が生まれます。

現代の学問が細分化された数多くの分野に分かれているのも、分析的な方法を主体とする学問の性格をよく表しています。それは学問の分野における〝個別価値優先志向〟を象徴しています。

❖似顔絵としてのモデル

これらの例からわかるように、科学的な認識の第二の特徴は、「現象を分離して理解すること」なのです。自然現象はみな、つながり合っていて複雑ですから、近似的に対象を分解し、分離をして理解します。気をつけなければならないのは、科学の論理というのは、自然現象そのものの論理ではなく、自然をより単純なモデルにおきかえ、そのモデルにもとづいてつくられた論理なのです。モデルというのは、似顔絵のようなものです。似顔絵はその人の特徴を大変よくとらえていますが、その人のすべてではありません。現象を分解して認識するモデルを「〈閉鎖系〉モデル」と呼びます。私たちは気がつかないうちに「〈閉鎖系〉モデル」でものごとを考えることに慣れています。

たとえば、個人を大切にし、個人の集合体として社会を考えるという民主主義は、原子・分子を研究し、原子・分子の集合体として生物や人間を考えるという科学の考えかたと大変よく似ています。この〈閉鎖系〉については第三部でさらに詳しく述べるつもりです。

❖「正」と「誤」を分離する二分法

科学的認識の第三の特徴は、二分法にもとづく論理体系です。正と誤、つまり○と×を明確に分離して正確に論理を組み立てていくのが、これまでの論理体系の基本です。現在、多くの分野で使われているコンピューターは、正確にはデジタル・コンピューターと呼ばれる種類のものが大部分ですが、0と1の組み合わせによる二分法の論理によって複雑な計算を行います。

このような論理体系は、○と×を明確に分離できる数学などには適していますが、日常生活のなかで使う場合にはいろいろな問題を生じます。たとえば、善と悪といっても、文化的背景や個人的価値観の差異があるために、明確な基準でわけることは困難です。

アフリカ人と結婚した私の友人から聞いたのですが、その地域社会では、家庭の主婦がひとりで他の男性と会ったことがわかった場合、その夫は相手の男を殺す権利をもっているそうです。自分の常識にしたがってものごとを判断しても、それが相手に受け入れられるとは限らないわけですから、二分法の論理だけに頼って生きるのは危険なのです。

ところが、私たちはほとんど気がつかないうちに二分法思考でものごとを判断しています。物質的豊かさと貧しさ、便利と不便、快と不快といった二つの価値に対して、反射的に一方を選択します。このような単純な一面的判断の仕方に問題があることはすでに述べたとおりですが、〝個別価値優先志向〟と〝一方向性志向〟という現代文明の特質が、合理思想をささえる二分法的論理と共通する側面をもっていることに注意をむけておく必要がありそうです。

西の文明にもクセがある　気候風土が生みだした〈閉鎖系〉思考

❖人と自然を分ける世界観

これまで説明してきたように、合理思想はものごとを分離して考えるという認識のしかたと深くかかわっています。このような認識のしかた、つまり世界観は西洋文明の伝統的な特質のように見えます。

たとえば、キリスト教の世界観では、神と人間と自然はかなり明確に分離されています。神は天地の創造主で、自然の一部ではありません。また、人間も自然のなかでは特別な存在とみなされています。

しかし、東アジアでは神と人間と自然はそれほど明確に分離されていません。日本人は自然のなかに神を見たり、人のなかに仏を感じたりすることにそれほど違和感をもっていません。たとえば、神社の境内には、しめ飾りを張った「御神木」がよく見られます。鎮守の森は、〝境内の木を切るとたたりがある〟という信仰に支えられています。科学的にみると、そのような信仰によって開発からのがれ、その土地本来の自然林が守られてきたことになります。日本では、自然に対して畏敬の念をもつ、という文化的伝統が昔から根づいていました。また、密教には「即身成仏」という考えかたがあり、高野山には即身成仏された空海が今でもまつられています。人と自然と神仏を連続的にとらえるという世界観は、日本、中国、インドなどの東アジアでは、ごく一般的な伝統であり、人が自然を支配するという考えかたはヨーロッパから伝わったものです。

すなわち、人と自然を分離するという世界観は、「一つのものの見かた」であり、けっして普遍的、絶対的なものではありません。人と自然を分離するという世界観も、現象を要素に分離して理解する分析的認識も、〈閉鎖系〉的なものの見かたにもとづいています。合理思想にもとづいた近代社会とは、〈閉鎖系〉的なものの見かたを土台とした文明だったのです。

❖気候風土が生みだした分離思想

ヨーロッパの社会にこのような文明が根づいたのは、ヨーロッパの気候風土と深い関係があると思われます。ヨーロッパの大部分は北海道よりも北にあって、太陽の光は弱く、降雨量も日本などにくらべればずっと少ないのです。そのうえ、ヨーロッパの大地は氷河時代に氷河にけずり取られてできた土地なので、肥沃《ひよく》ではありません。したがって、植物は日本のように早く成長しません。日本では五〇年で育つ木が、ドイツでは一五〇年かかるといわれるほどの差があるのです。

　このようなきびしい自然環境のなかでは、人間は自然と戦わなければ生活を維持できませんから、自然と人間を対立させて考える世界観が定着するのは自然のなりゆきと考えてもよさそうです。さらに、このような自然環境は農業に適していないので、狩猟や牧畜を主体とした生活をすることになります。肉食を中心とするために、人間が動物とはちがった特別な存在であるという分離思想が芽ばえたとしても少しも不思議ではありません。すなわち、人と自然を分離する〈閉鎖系〉的な世界観は、ヨーロッパのきびしい気候風土に適したものだったといってもよさそうです。

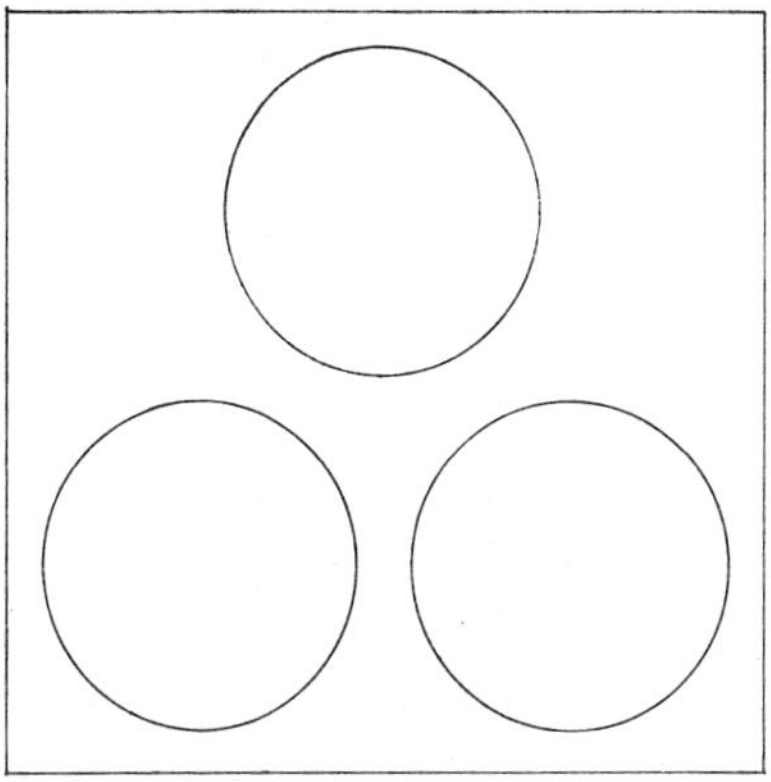

図2,〈閉鎖系〉的な世界観（〈閉鎖系〉モデル）
対象を明確に分離する世界観を示す。丸の中に、神・自然・人などを入れて文化の特質をみる。

❖合理思想と自然観

　一方、近代科学の合理思想を生みだした母体はギリシア文化だといわれています。ギリシア人は、自然現象の起こりかたを神の意志としてではなく、人間に納得できる形で説明しようとしました。それが今日の合理思想の原点といわれています。このような合理思想がギリシアに生まれるまでは、自然現象も社会現象も、すべて神の意志として説明することが一般的だったのです。

ここで注意をしなければならないのは、ギリシア文化の世界観はヨーロッパとは異なり、人と自然と神を明確に分離していないという点です。ギリシア的自然観では、神―人間―生物―無生物という存在が連続的な層をなしていて、そのあいだに決定的な断層がありません。ギリシア神話のなかに半人半獣の神がみが登場するのがそのよい例です。つまりギリシア文化は〈閉鎖系〉的な世界観をもっていなかったのです。

したがって、近代科学はギリシアの合理思想を受けついではいますが、ギリシアの世界観をそのまま受けつがなかったとみなしてもよさそうです。いいかえると、合理思想を土台としたヨーロッパの近代社会は、〈閉鎖系〉的なヨーロッパの世界観にもとづいて、ギリシア的な合理思想を発達させた文明である、ということになります。すなわち、ヨーロッパの一部に端を発して急速に世界に波及した近代社会とは、固有の特質をもった「一つの文明」にすぎない、ということになります。その固有の特質の一つが「〈閉鎖系〉的な認識」ではないか、と私は考えています。

ギリシア人は、自然現象を説明するために「ものとは何か」「変化とは何か」という問いを追求しました。これがギリシアの合理思想を特徴づけています。「ものとは何か」という問いは、物質を究極的な粒子の集合体としてとらえようとする近代科学のなかに受けつがれ、分子―原子―電子―素粒子という形で根元的な粒子が追求されつづけています。物質を根元的な粒子に還元して理解しようとするので、このような自然観は還元論と呼ばれたりします。還元論は要素としての根元的な粒子の〈存在〉を重視しますから、「存在論的な科学」と呼んでもよいのではないか、と私は思っています。

「変化とは何か」という問いは、近代の物理学では「運動とは何か」という問いにおき変わり、力学の発達によって、自然を精密機械として理解する機械論的自然観を生みだしました。無生物の現象を機械論的に説明することに成功したために、生物も同じように機械論的に説明しようとする科学研究が進んでいます。生物現象を一つひとつの細胞や遺伝子に帰着させて説明しようとする生物学にも、物質の構成要素の挙動を原因とみなして現象を説明しようとする科学の還元論的なものの見かたがよく表れています。

機械にとって〈心〉は不要ですから、生物に対しても〈心〉は研究からはずされ、外界の刺激に対する行動や反応だけが問題となります。

❖こころの無機質化

私たちは気がつかないうちに、自分の〈心〉をそのような反応として考え、自分の「意志」を無視することが少なくありません。「自分が腹をたてたのは相手が悪いからだ」という論理がそれです。この論理の延長線上に、「自分がなぐったのは相手が悪いから」「自分がこのようになったのは社会のせいだ」という自己正当化がなりたちます。自分の意志という〈はたらき〉を無視して、すべてを環境のせいにしてしまうのが、精神の無機質化の一つの特徴です。つごうの悪いことをすべて、環境と遺伝子のせいにしてしまう人は、機械論的な人間観を利用して自分を甘やかしていることに気がつかないようです。

大都会や大企業など、近代工業化社会の特徴が強く反映されている社会で人間性が失われていくのは、機械論的な社会のしくみの中で、人間が歯車のように一定の役割をはたさなければならないという生活が一因となっていると思われます。ものと金にふりまわされる経済戦争や理性的な合理主義が、人の心を無機質化して、人間的な心の暖かさを失わせる傾向を助長する点はとくに注意しなければなりません。

❖自分の頭で進むべき方向を見きわめる時代

私は北海道から東京に出てきて、もう三〇年以上も住んでいますが、地方に出張すると、都会で忘れかけていた人の心の暖かさにふれてホッとすることがよくあります。たとえば、小さな駅のホームのベンチに、手あみのカラフルなカバーのついた座ぶとんを見たときに、人のぬくもりを感じて、思わずほほえんだことがあります。

近代社会をつくり出した西洋文明は、ヨーロッパの気候風土と結びついた特異な文明だったのですが、いつのまにか、多くの国々でそれが一つの理想像となり、同じような近代工業化社会をめざすという歴史的な傾向が生まれました。〈近代化〉とは「西洋化」であり、西洋文明をお手本とした「画一化」現象だったのです。それは、西洋文明という個別価値を絶対視し、一直線にその方向へむかう〝一方向性志向〟を意味しています。

明治維新における舶来崇拝主義、第二次大戦後の「追いつき、追い越せ」的な経済成長至上主義のなかに、その傾向をはっきりと読みとることができます。

西洋文明を理想のお手本とする時代は、もう限界にさしかかっています。日本人はそろそろ自分の頭で、自分の進むべき方向を見きわめる時期にさしかかっているようです。

第三部

自然の〈いのち〉に学ぶ

人のからだも生態系　学ぶ対象としての自然

❖自然界の巧妙な秩序形成機能

近代社会を支えてきた西洋文明は長所と短所をもつ固有の文明であり、一つの限界にさしかかっていることは、これまで述べてきたとおりです。それでは、私たちは二一世紀へ向かってどのような文明をめざしたらよいのでしょうか。よく、「これからは東洋の時代だ」などと言われますが、西洋文明に対して、東洋文明はどのような特質をもつのでしょうか。この点については後にふれますが、西洋文明に長所と短所があるように、東洋文明にも長所と短所があるはずです。したがって、西洋がダメなら東洋という単純な発想ではなく、もう少し基本的な考えかたの方向性が必要です。

そのような考えかたの手がかりを私は自然界の秩序のなかに求めています。地球という自然、生態系、生物、そして人間の〈からだ〉、どれもみごとな秩序を維持しています。自然界がもつ秩序形成の秘密のなかから、人間はもっと多くのことを学ばなければならない、というのが私の基本的な考えかたです。これまでの近代文明では自然は支配する対象でしたから、私の考えかたは、〝支配する自然〟から、〝学ぶ対象としての自然〟への発想の転換を意味します。

自然ということばは、山や川、動植物などの外界を連想させますが、私たちの〈からだ〉自身もまた自然の一部です。人間はまぎれもなく生物の一種族であり、自然界の一部としてこの世に存在しています。

自然の一部としての人間は驚くほど、精密・巧妙につくられていて、ひとりでに秩序をつくり出し、維持しています。人間が健康に生きていけるのは、〈からだ〉がもっている秩序をつくり出す〈はたらき〉のおかげです。それは自然界がもっている機能で、人間がつくり出したものではありません。自然からあたえられたこの機能をできるだけ妨げないように生きることが病気予防につながりますし、この機能を活用することが健康増進の秘訣なのです。そればかりではありません。あとでふれるように、私たちの〈心〉の状態は〈からだ〉の生理反応に大きな影響をおよぼしますから、〈心〉の使いかた、すなわち生きかたは〈からだ〉の秩序形成機能と密接につながっていることになります。

したがって、秩序形成機能を妨げないような生きかたというのは、すでに〈からだ〉のなかに仕組まれているということになります。ですから、〈心〉と〈からだ〉のしくみから、生きかたの手がかりをつかむことも可能になります。

❖自然の森の生命力

自然界がもっている秩序形成の機能は、人間以外のあらゆる生物にもみられますが、この機能は生物の個体だけに限られるわけではありません。多種多様の動植物界で形成される生態系もまた、みごとな秩序形成機能によって支えられています。

地球上の生物は、生産者としての植物、消費者である動物、分解・還元者である微生物のどれかに分類されますが、多種多様のこれらの生命体が網の目のように複雑に、しかし整然と、直接・間接にからみ合って全体として微妙なバランスをたもっています。たとえば、人間が手をいれない自然の森では、長いあいだに、その土地の気候に適した、安定した植物群落をつくります。そのような森では、いろいろな大きさや高さの草が〈共生〉し、それぞれに〈がまん〉をしながらすみわけています。このような自然林は人間が手を加えない方が安定していて、台風や地震にも強く、山火事や病虫害にも強い抵抗力をもっています。横浜国立大学環境科学研究センター長の宮脇昭教授は、このような自然林の生命力の強さを指摘し、自然の森を回復させる運動を積極的に展開されております。

一九八二年七月の長崎での集中豪雨による被害をみても、人工林では大規模な崩壊が発生し、多くの被害をもたらしましたが、自然林では斜面崩壊などの災害が少なく、発生しても小規模にとどまりました。また、その土地に本来生育していないスギやヒノキを画一的に植えた森林は、自然林にくらべて病害虫に対する抵抗力が弱いことが知られています。人間のつごうだけを考えた一方的な判断による画一的な植林による森は、多様な植物による自然林よりも秩序形成機能が劣っているばかりでなく、植物自身の生命力も弱くなっていることがわかります。

❖人間の〈からだ〉は微生物生態系

死んだ動植物を分解する微生物は、自然界の循環的な秩序形成のためになくてはならない存在ですが、人間の〈からだ〉のなかでも多数の細菌が生活していて、マイクロ・エコシステム(微生物生態系)を形成しています。口のなかや腸内にも多様な細菌が生活していますが、正常な場合には多種類の細菌がたがいに他を抑制しあったり、助けあったりしながら安定した勢力関係をたもっています。

口のなかだけでも数億、大腸のなかには約百種類、数にしておよそ百兆個というおびただしい数の細菌が生きているといわれています。これらの細菌は人間が生きるために不可欠な役割をはたしています。マイクロ・エコシステムという秩序形成の〈はたらき〉のおかげで、一種類だけの細菌が異常増殖することが防がれ、病原菌などが体内に入っても、通常は一方的に増殖することができないのです。

体内の細菌のおかげで、有害な物質を分解することもできます。薬の副作用が少なくなるように分解をしてくれたり、発がん物質の作用を消してくれたりします。また腸内で消化吸収されなかった食物の分解をしてくれるのも、これらの細菌の〈はたらき〉です。

ところが、このようなマイクロ・エコシステムは、食生活や〈心〉の状態によって、そのバランスをくずしやすいのです。たとえば、抗生物質を飲むと胃腸のぐあいが悪くなるのは、抗生物質が有効な細菌を抑制してしまい、かわりに悪玉の細菌を優勢にさせてしまうのも一因となっています。

抗がん剤を服用した場合にも同じようなことがおこります。やはり抗がん剤によってマイクロ・エコシステムのバランスが乱され、抗がん剤に強いカビが大増殖してしまい、体中カビだらけになってしまう、というようなことがおこります。ここにも、〈力づく〉で自然をコントロールしようとする技術の限界をみることができます。抗生物質や抗がん剤にかぎらず、人工的に合成された化学物質は、マイクロ・エコシステムのバランスを乱しやすいということは、心にとめておかなければなりません。

長寿村として有名な山梨県の棡原《ゆずりはら》の老人は、現代の日本人の平均値にくらべて約六倍の植物繊維を食べているといわれています。植物繊維の量がふえると、腸内の善玉の細菌がふえるので健康によいと考えられています。ヨーグルトでおなじみのビフィズス菌は、若さと健康を増進し、がんを防ぐ善玉の細菌ですが、とくに外から摂取しなくても、植物繊維が腸内に多ければ、自然にビフィズス菌のような善玉の細菌がふえます。植物繊維が少ないと、老化を促進するウェルシュ菌のような悪玉の細菌がふえ、がんにもなりやすいのです。実際に、野菜ぎらいの人は大腸がんになりやすいという統計結果が知られています。

マイクロ・エコシステムは、〈心〉の状態によっても大きな影響を受けます。強いストレスにさらされつづけていると、大腸のなかのビフィズス菌のような善玉の細菌が大幅に減少し、悪玉の細菌がしぶとく生き残るというような実験結果も得られています。体内のマイクロ・エコシステムは、〈心〉の使いかた、すなわち私たちの生きかたとも密接な関連性をもっていることになります。人体のなかの微生物による秩序形成の〈はたらき〉は、私たちのライフスタイルを反映して、うまく機能したり、弱くなったりすることになりますから、自然からあたえられたこの機能を活かすような生きかたを学ぶことは、だれにとっても大切なことなのです。

❖地球がつくり出した秩序

自然界がもっている秩序形成機能は、生物や生態系にかぎられるわけではありません。地球という惑星は、四六億年という気の遠くなるような長い年月のあいだに、こんなに美しく、すばらしい自然の秩序をつくり出しました。山、川、海、雲、森——その美しさと調和は、自然のなかに秘められた驚異的な秩序形成の〈はたらき〉によってつくり出されたものです。そして、私たち人間自身が、自然の絶妙な創造の機能によってつくり出された生命体です。

四六億年という地球の歴史の壮大なドラマを一年に縮めると、人類の誕生は大晦日の午後七時ごろに相当するといわれますから、人類はドラマの端役に過ぎません。地球という自然の秩序形成に対して、人類は何の役割もはたしてこなかったのは明らかです。それどころか、人類は文明という名のもとに、このみごとな自然の秩序を破壊し続けています。とくに環境破壊が急速に進んでいる過去二百年ぐらいは、一年に縮めた地球の歴史に対しては数秒にみたないほどのわずかな時間です。

地球の自然秩序という視点からみても、これまでの文明の意味を問い直し、新しい文明の方向性を再検討しなければならない時期にさしかかっているといわなければなりません。

地球の〈いのち〉〈開放系〉の秩序形成機能

❖自然の〈いのち〉

これまでのいくつかの例が示しているように、自然界の秩序形成機能は、私たちの健康やライフスタイル、文明のありかたなどを考える上で、判断の基礎として重要な意味をもっています。自然の一部としての人間が生きていく上で、自然がもっているこの機能を無視したり、ふみにじったりしては何ごともなりたたないわけですから、日ごろの生活のなかでさまざまな判断の基礎として役立つはずです。

私は自然の秩序形成機能のことを〈いのち〉と呼んでいます。もうおわかりのように、〈いのち〉は生物の生命だけを意味してはいません。私の定義にしたがえば、地球も〈いのち〉をもっていることになります。地球の〈いのち〉、生態系の〈いのち〉、人間の〈いのち〉を活かすような生きかたをすることが、自然の一部としての人間が生きるための、もっとも基本的な方向性ではないかというのが私の考えです。

では、〈いのち〉を活かすためには、どんなことに気をつければよいのでしょうか。この点をもう少し詳しく考えてみたいと思います。自然が秩序をつくり出すためのもっとも基本的な条件は、一つのシステムが他のシステムとつながり、おたがいに影響をおよぼし合っているということです。

人間は、呼吸によって気体の出し入れを行い、飲食物を通じて液体や固体の摂取、排出を行っている一つのシステムです。また、外界の熱エネルギーを吸収したり、からだの熱を発散したりして、エネルギーの交換も行っています。さらに、社会生活をするためには、さまざまの情報を受けとったり、発信したりしなければなりません。

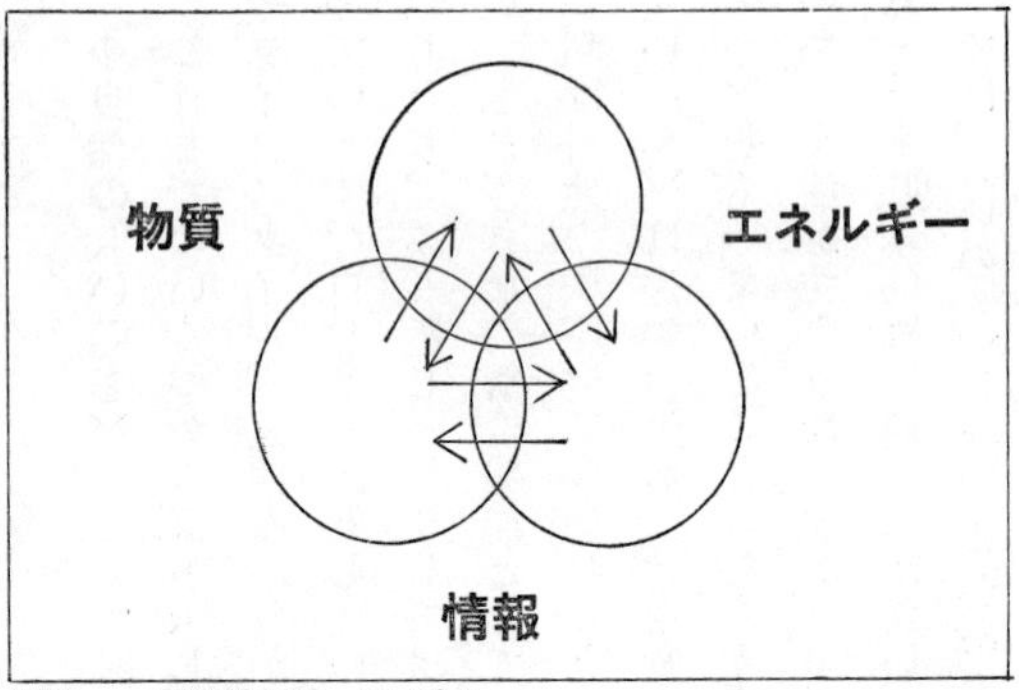

図3, 〈開放系〉モデル

外界と物質・エネルギー・情報の交換を行っているシステムが〈開放系〉。自然界がひとりでに秩序をつくれるのは〈開放系〉に限られる。

このように、外界と「物質・エネルギー・情報」の交換を行っているシステムは〈開放系〉(オープン・システム)と呼ばれます。これに対して、外界と「物質・エネルギー・情報」の交換をしないシステムは〈閉鎖系〉(クローズド・システム)と呼ばれます。自然がひとりでに秩序をつくり出すことができるのは、〈開放系〉にかぎられます。これに反して、

〈閉鎖系〉のなかでは、秩序が乱れるように自然現象がすすみます。〈閉鎖系〉のなかで、秩序が乱れる方向に自然現象の変化がおこることを、「エントロピー増大の法則」と呼んでいます。エントロピーというのは物理学の用語で、不規則性・乱雑さの目安となる量のことですから、エントロピーが大きくなるというのは秩序が乱れることを意味します。

人間は呼吸を止めると数分で死んでしまいます。呼吸をしている人間は〈開放系〉として秩序を維持できますが、呼吸を停止して物質の出入りをとめた〈閉鎖系〉となった人間は、もはや秩序を維持できません。この一事だけを考えてみても、秩序をつくり出すためには、他のシステムとつながり合っていることがいかに大切か、ということがわかります。このような立場からみると、〈いのち〉とは、〝〈開放系〉の秩序形成機能〟を意味することになります。

❖〈開放系〉としての人間

人間のからだは一つの開いたシステム——〈開放系〉ですが、私たちの臓器も、細胞も、それぞれが開いたシステムです。腎臓や肝臓はそれぞれの役割をもっていますが、他の臓器と密接な関連性をもっています。また、一個一個の細胞も血液を通じて栄養の摂取や老廃物の排出を行っている〈開放系〉です。人体のなかに住んでいる微生物もまた、一個の生命体としての〈開放系〉です。したがって、人体とは多様なレベルの〈開放系〉がつながり合ったシステムということになります。

これらのシステムは、外界と物質・エネルギーの交換を行っていると同時に、さまざまの情報を交換しています。人間がつくり出した人工情報は、ことば、文字、数字、画像などによって伝えられますが、からだの中の情報は神経の中を伝わる電気パルスやホルモンなどによって伝えられます。電気パルスは電気エネルギー、ホルモンは物質ですが、エネルギーの量も物質の量も極微量です。それにもかかわらず人体には大きな影響をあたえます。それは、これらの電気パルスやホルモンが生理的な変化をおこさせるための情報を伝えるからです。

このように、自然界のなかで伝わっている情報を、私は「自然情報」と呼んでいます。

❖出入りのバランスが〈いのち〉の鍵

〈開放系〉とは、他のいくつかのシステムと「物質・エネルギー・情報」の交換を行っているシステムである、ということになりますが、〈開放系〉ならば、常に秩序形成を行うわけではありません。太陽と熱エネルギーの交換を行っている火星や金星では地球のような秩序はつくられなかった、という事実からもそれがわかります。人体も重病になると水や栄養を摂取しても次第に衰弱して死を迎えます。

〈開放系〉が秩序をつくり出すためには、物質・エネルギーの出入りのバランスがとれていなければなりません。地球が焦熱地獄にもならず、すべてが凍りつくような低温の「死の世界」にもならないのは、地球にある大量の水と動植物のおかげで太陽熱の吸収と放射のバランスがうまくとれているからです。

また、大気中では、窒素七八パーセント、酸素二一パーセント、炭酸ガス〇・〇三パーセントというような組成のバランスが長いあいだ安定に保たれてきました。地表の温度が生物の生存につごうのよいような適温に保たれてきたのは、安定した大気組成、とくに二酸化炭素の濃度と深い関係があります。

地球上での二酸化炭素(炭酸ガス)の放出は、石油などの化石燃料の使用、焼き畑農業や山火事による樹木の燃焼、人間などの動物の生活などによってもたらされます。一方、二酸化炭素の吸収源は、地上の植物と海洋のプランクトンおよび海洋自身です。あまり知られていないことですが、海水のなかには大気中よりも多くの二酸化炭素が吸収されていると推定されています。さらに、サンゴなどの海中生物は海水中の二酸化炭素をとり入れて固定します。中国の桂林の奇岩は主として石灰岩でなりたっていますが、これは過去の海中生物が長いあいだに岩になったもので、こぶし大の石灰岩には約二〇リットルの二酸化炭素が固定されているといわれています。

中国全土の約四分の一はこのような石灰岩でなりたっていると推定されていますから、大地のなかには大変な量の二酸化炭素が閉じこめられていることになります。大気中の二酸化炭素の量が多すぎると、地上からの熱の放射が悪くなるために、地球の温度が高くなります。これが最近問題となっている温室効果です。もし、サンゴなどの海中生物がこのような形で二酸化炭素を吸収してくれなかったならば、温室効果のために地球の温度があがりすぎて焦熱地獄となり、こんなみごとな自然と生態系が生まれなかったはずです。

❖バランスがくずれ始めた地球

地球という〈いのち〉は、本当に驚くような巧妙さで秩序をつくり出し、守りつづけてきたのです。最近は海洋の汚れや「開発」のために、サンゴが大きな被害を受けていますが、大気の安定という視点からもサンゴの役割を見直す必要がありそうです。

二酸化炭素の吸収源としての地上の植物、とくに森林と、海中の植物性プランクトンが人間の活動によって急速に減少し、逆に人間の経済活動と人口の増加によって炭酸ガスの放出量が急速に増加しているのが二〇世紀の特徴です。その結果、長いあいだ一定に保たれてきた大気中の二酸化炭素の濃度が増えはじめました。二酸化炭素の濃度は産業革命以来二五パーセント以上も増加していて、この増加の約半分は過去三〇年間のうちにおきています。このように、二酸化炭素の増加傾向は加速度的に強まっていますので、二一世紀中には二酸化炭素の濃度が、二百年前にくらべて約二倍になると予測されています。

地面からの放射熱を吸収して温室効果をもたらすのは二酸化炭素ばかりではなく、水蒸気、メタン、フロン、一酸化窒素なども同じような効果をもたらすので、これらは温室効果ガスと呼ばれます。オゾン層の破壊で話題となっているフロンなどの温室効果ガスは、二酸化炭素よりもはるかに量が少ないのですが、温室効果の効率は二酸化炭素の約一万倍といわれています。

これらの温室効果ガスがふえて大気組成の安定したバランスが急速にくずれ、それによって地球全体としての太陽エネルギーの吸収と宇宙空間への熱放射のバランスが悪くなり、地球の温度を一定に保つという自然の秩序が壊《こわ》れはじめたのです。

◈地球の〈いのち〉の危機

ＮＡＳＡ（アメリカ航空宇宙局）の観測データによると、一九九〇年の地球の平均気温は一九六〇年ごろにくらべるとおよそ〇・五度上昇しています。この気温を一九世紀末の平均気温とくらべると約〇・九度の上昇となります。このままの勢いで平均気温が増加すると、二〇二〇年には一九六〇年ごろにくらべて、平均気温が一度から一・五度上昇すると予測されています。平均気温一度の上昇でも、過去一万年ぐらいの期間でもっとも高温であったおよそ六千年前、および約一二万年前の高温期に匹敵すると推定されています。

これらのデータは、地球の平均気温がいかに長いあいだ安定に保たれてきたかということと、地球上での物質の循環と、エネルギー交換のバランスがいかに急速にくずれはじめ

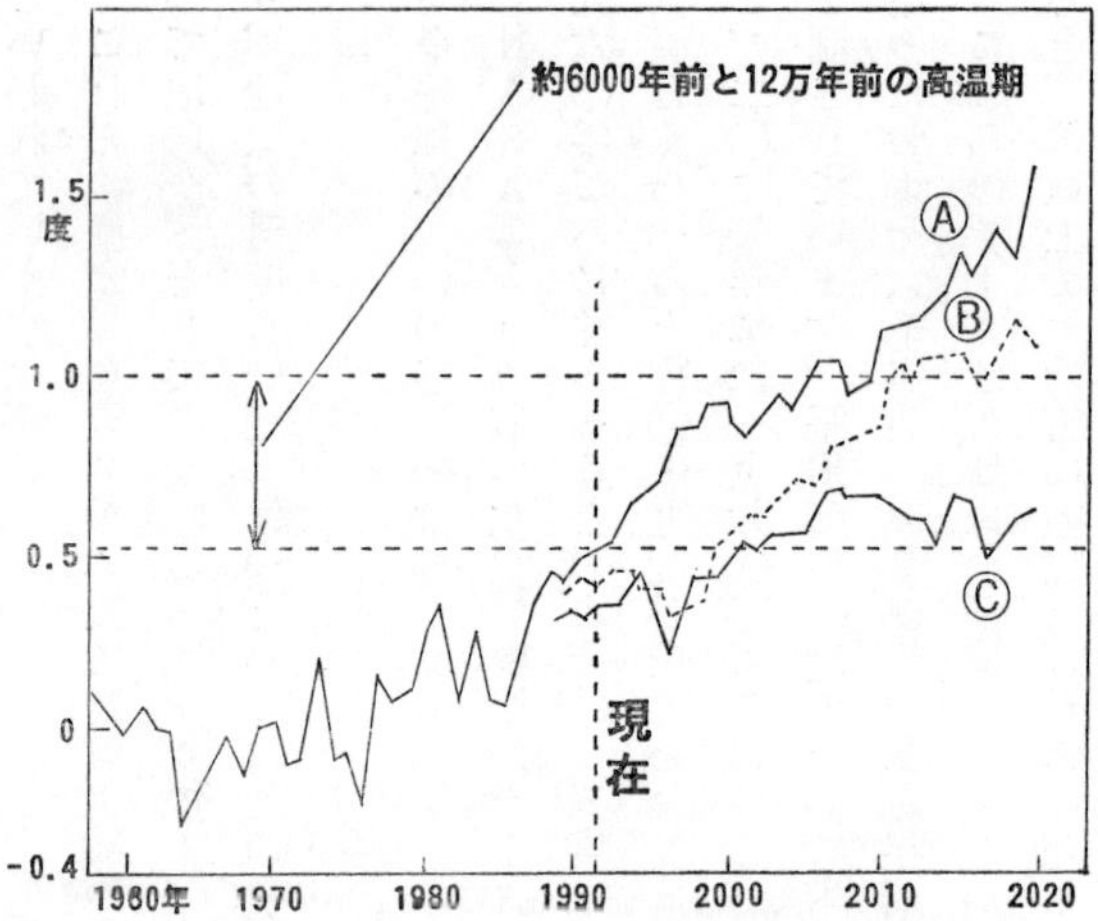

図4, 気温上昇の予測 (NASAゴダード宇宙科学研究所)

1988年のデータによる予測。Ⓐ大気汚染がそのまま続く場合。Ⓑ汚染を削減した場合。Ⓒ10年以内に汚染物質の排出を完全に止めた場合。

ているかという両面の事実を物語っています。

科学技術の発達によって加速された経済活動が、自然の秩序維持の〈はたらき〉を上まわるほど、急速に、激しく地球というシステムの物質・エネルギーの出入りのバランスをくずしてきたのです。科学技術は確かに人間に物質的豊かさをもたらしましたが、地球という開いたシステムの物質・エネルギーの出入りのバランスを維持する、というところまで考えがおよんでいなかったのが大きな欠点です。言いかえると、地球の〈いのち〉を大切にする、という考えかたに欠けていたことになります。

地球というシステムは、物質の循環やエネルギーの出入りに少しぐらい変化がおきても、長い時間をかけて、バランスを回復する力をもっていると思われますが、数十年から百年という短い時間のあいだにおきた急激な変化に短時間で対応する力をもっていません。

地球の温暖化は、地球という〈いのち〉が、秩序形成のバランスを失って熱を出している姿です。放っておけばますます高熱を発し、重態になる可能性がありますが、即効薬はありません。少なくとも数百年を単位とした長期的な展望に立って、地球本来の秩序形成機能を回復させることが人類に課せられた課題だと思います。

機能としての〈いのち〉〈存在〉の文明から〈共創〉の文明へ

❖〈はたらき〉としての〈いのち〉

地球の〈いのち〉も人間の〈いのち〉も、さまざまなシステムの〈つながり〉によってつくり出される〈はたらき〉です。私の定義にしたがえば、つながり合ったシステム、つまり〝〈開放系〉の秩序形成機能〟が〈いのち〉ですから、〈いのち〉とは秩序をつくり出す〈はたらき〉であって、〈もの〉ではありません。〈もの〉は〈存在〉を意味していて、機能を意味していません。

〈いのち〉を基礎として考えるということは、機能を土台としてものごとを考えるということを意味します。ところが、私たちは〈もの〉を土台としてものごとを考えることに慣れてはいますが、〈はたらき〉を土台としてものごとを考えることに慣れておりません。

たとえば近代科学では、生物学とかという言葉が示すように、生命を〈もの〉に還元して考えます。個体、細胞、遺伝子といった物質に着目して物質の構造を解明し、それを土台として、機能を論ずるというのが、近代科学の基本的な論理体系となっています。生物学も西洋医学も、このような考えかたによってできあがっていますから、〈心〉は生命の基本的な要素とはみなされていません。したがって、生物学と医学の教科書から〈心〉が除外され、物質世界の因果関係だけがとりあげられてきました。

そのような科学的生命観の影響を受けて、私たち自身も、自分の生命や生活を〈もの〉の〈存在〉という視点から考えることが多くなっています。病気になれば、物質としての〈からだ〉の異常にばかり注意を向けて、自分の〈心〉の状態に無関心になりがちです。近代西洋医学も〈もの〉としての肉体を一秒でも長く、生き長らえさせる技術の開発にエネルギーをそそいできました。人工臓器や臓器移殖の技術がそれをよく象徴しています。また私たち自身も「どれだけ長く生きるか」という問題に大きな関心をよせています。物質という〈存在〉、人間という〈存在〉に焦点をあてて、物質的豊かさを追求してきた近代文明は〝〈存在〉の文明〟であるといってもよいかもしれません。

❖〈はたらき〉としての〈心〉

けれども、〈はたらき〉としての〈いのち〉という視点からみると、生命のとらえかたが大きく変わってきます。機能という視点から人間の生命を考える場合には、〈心〉の〈はたらき〉を無視することができません。〈心〉は物質的存在としては観測できませんが、主観的体験としての機能を認識することができます。すなわち、機能という視点からみれば、精神の〈はたらき〉を無視して人間の生命を論ずることはできません。

心と免疫の〈はたらき〉についての新しい医学を紹介した、スティーヴン・ロックとダグラス・コリガンの『内なる治癒力』(創元社)には、つぎのようなエピソードが紹介されています。

二〇世紀の初頭に、伝染病研究所の石神亨博士は一〇年にわたって結核患者の診療に従事していましたが、病状の経過と患者の精神状態について重大な発見をしました。結核は一定の経過をたどるので、医者にとっては予測しやすいのですが、患者によっては予想に反して悪化したり、元気だった人が突然発病したりします。

「このような症例を理解する鍵は患者の心の持ちかたにある」ということを石神博士はつきとめました。「予想に反して悪化したり、発病したりする患者は、いずれも事業の失敗、家庭不和、恨み、ねたみ、といった個人的な背景が存在する。……神経質な人ほどこの病気にかかりやすく、経過も概して不良となる。それとは対照的に、重症の患者が順調に回復することもある。これは楽観的でくよくよしないタイプの患者の場合である」というのが博士の意見です。

石神博士の論文がアメリカの専門誌に発表されたのは一九一九年のことですが、この論文は長いあいだ注目されることなく忘れさられてきました。〈もの〉としての結核菌が原因でおきる病気に、〈心〉が関与すると考えることは、〈もの〉と〈心〉を分離して考える西洋医学の一般的常識に反していたからです。病原菌のような外敵の攻撃から、からだを守ってくれるのは免疫系という防御システムですが、「免疫系は完全に独立し、他のどの系からも影響を受けない」という考えかたは、長いあいだ医学界の定説となっていました。

ところが、この定説をくつがえす一つのきっかけが『内なる治癒力』に紹介されています。NASAの医療班は、宇宙から帰還した宇宙飛行士の身体的・心理的ストレスの検査結果を分析し、大気圏に再突入するときにだけ白血球の変化がおきることに気づきました。

白血球は、外敵を迎え打つ免疫細胞の集団で、すべての敵と戦う好中球やマクロファージ、特定の敵と戦うリンパ球などの種類に分けられます。軌道上にいたスカイラブ（有人宇宙実験室）の宇宙飛行士たちから採取された血液中の免疫細胞数は正常だったにもかかわらず、地球へもどった直後には驚くほど白血球数が減少していたのです。これは免疫機能が低下したことを示しています。そして、その原因が大気圏に突入するときの心理的ストレスによるものだということがしだいに明らかになってきたということです。

❖免疫と心の〈はたらき〉

現在では精神神経免疫学（psycho-neuro-immunology）という新しい医学の領域の研究によって、〈心〉の〈はたらき〉が免疫系に影響をおよぼすメカニズムが少しずつ解明されています。

たとえば、脳のなかにある視床下部は、ストレスに敏感に反応するホルモンや神経伝達物質を分泌しますが、免疫系に影響をおよぼすアドレナリンやノルアドレナリンを大量に放出することがわかってきました。一九八〇年代になって、石神博士の論文がようやく見直されるようになってきたのです。〈心〉の〈はたらき〉が免疫機能に影響をおよぼすということは、〈もの〉という〈存在〉だけを土台とした近代科学の生命観からの脱皮の必要性があるということを意味しています。〈心〉の〈はたらき〉が、外界の刺激や体内生理反応によって影響を受けることも事実ですが、〈心〉の〈はたらき〉が、〈からだ〉の生理反応に影響をおよぼすことも事実なのです。このような現象を理解するためには、物質的存在からすべてを説明する従来の科学的生命観から離れて、システムの機能を土台として現象を理解するという、機能論的な生命観が役に立つと思われます。

❖機能からみる生命観

〝〈開放系〉の秩序形成機能〟としての〈いのち〉という考えかたは、機能を土台として現象を理解しようとする立場に立っています。〈開放系〉というのは、他のシステムとの相互作用により、たえず変化するシステムですから、静止した構造は存在しません。これに対して、〈閉鎖系〉では、ある程度安定していて変動の少ない構造が存在し、それによって機能を理解することができます。

たとえば、時計はそれだけで機能しますから〈閉鎖系〉であり、時計をとめても内部構造によってその機能を理解することができます。〈開放系〉はこのような静止構造だけで理解することは困難です。たとえば、台風は空気や水の静止した構造で理解することは困難です。したがって、台風を理解するには、空気や水のうず巻き状の挙動、すなわち機能を土台として理解する方が容易となります。

ノーベル化学賞を受賞したイリア・プリゴジンは、〈閉鎖系〉で自然現象を近似する物理学を「存在の物理学」(physics of being)と呼び、〈開放系〉で自然現象を近似する考えかたを「発展の物理学」(physics of becoming)と呼んでいます。

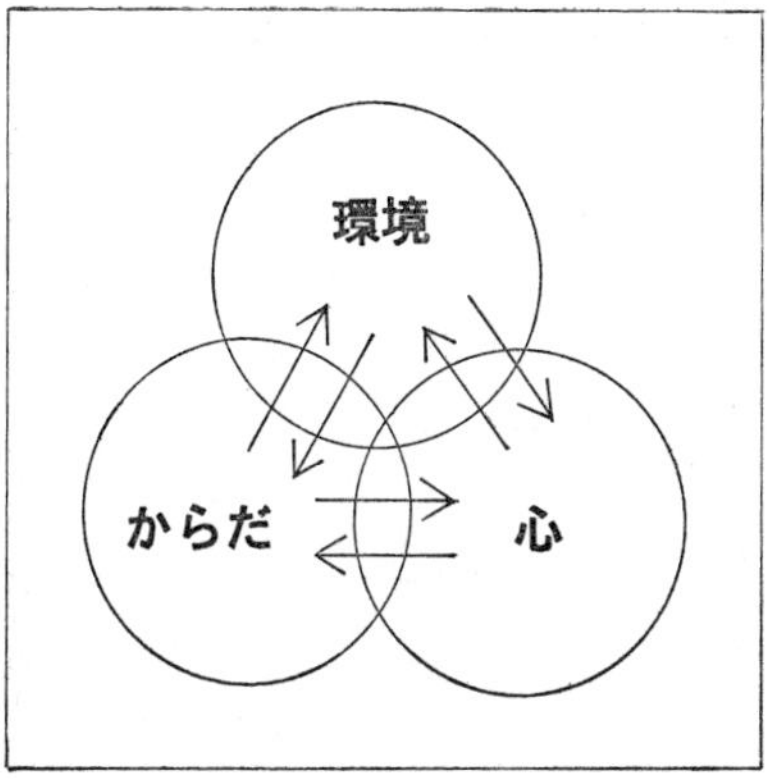

図5，人間の〈開放系〉モデル 1
物質世界だけの科学的〈開放系〉モデルを拡張して、心のはたらきもとり入れた、人間の〈開放系〉モデル。

物理学では、物質の世界だけで〈開放系〉を考えていますが、私は〈心〉と〈からだ〉と〈環境〉という三つの要素がつながり合った〈開放系〉という立場で人間の生命をとらえています。〈心〉を〈存在〉とみなさずに機能とみなしていることがこのモデルの特徴です。〈心〉という〈はたらき〉をとり入れていますから、生物学でも、物理学でもありません。〈心〉と〈もの〉の相互依存性を視野に入れた、機能論としての生命観なのです。

❖〈つながり〉を大切にする生きかた

〈心〉の〈はたらき〉をも視野に入れて、人間の〈いのち〉を考えると、「どれだけ生きるか」よりも、「どう生きるか」が問題となります。生きている時間の長さよりも、生きかたを基本として考えることになります。そして生きかたの方向性を決める手がかりは、人間の〈心〉と〈からだ〉の秩序を維持する〈はたらき〉、人間社会の秩序維持への〈貢献〉、自然界の秩序維持への〈思いやり〉、などから得られます。〝〈いのち〉を活かす生きかた〟は、秩序をつくり出し、それを維持する〈つながり〉を大切にする生きかたを意味します。

ところが、〈存在〉を重視する〈閉鎖系〉発想を土台とすると、自分の存在、会社の存在、組織の存在、物の存在を中心としてものごとを判断することになります。自己中心の生きかたは、自分という〈存在〉を中心にした生きかたを意味します。大量消費経済は、自分のために便利なものを、どれだけ多く身のまわりに集めるかという〈存在〉の競争によってなりたっています。

利益至上主義の企業は、何のために利益をあげるかは考えずに、どれだけ利益をあげるかを重視しますから、お金という〈もの〉に焦点をあてた〝〈存在〉の経営学〟といってもよいかもしれません。政党も宗教団体も、組織という存在を優先させると、同じようなことがおこります。個人も人間社会も、〈閉鎖系〉発想を土台とすると、存在重視の金縛りに陥り、まわりの秩序破壊が見えなくなるのです。

❖〈共生〉から〈共創〉へ

米ソの冷戦時代には「平和共存」という言葉をよく聞きました。国や民族や個人は、意見が異なっていても、とにかく戦争をしたり、けんかをしたりしないで仲よく暮らしていくことができれば「平和共存」だったわけです。いわば人間と人間が社会秩序を乱さない生きかたが「平和共存」の意味だったようです。

最近は〈共存〉にかわって、〈共生〉という言葉をよく聞きます。自然環境の問題が表面化するようになって、人間はほかの生物とも仲よく暮らさなければならないという意味で〈共生〉という言葉が使われることが多いようです。〈共生〉というのは、人間とほかの生物ができるだけあらそわずに生きる、つまりおたがいの〈存在〉を邪魔しないように生きよう、というやや消極的なニュアンスが強いように思われます。

もし、〈共生〉がそのような意味で使われているとすると、人間同士の「平和共存」をほかの生物にまでおし広げたのが〈共生〉で、やはり〈存在〉中心の価値観から脱皮できていないように思われます。人間や生物が生きて存在することを最重要視しているからです。

これに対して、〝〈開放系〉の秩序形成機能〟、すなわち〈いのち〉を活かすという考えかたは、秩序をつくり出す〈はたらき〉としての〈つながり〉を重視します。人間や生物がおたがいに邪魔をしないで存在することはもちろん大切なのですが、それ以上に、さまざまのシステムがつながり合い、支え合って秩序をつくり出す機能そのものを基本的な価値としてできるだけ活かそうという考えかたです。いろいろな要素の相互依存性を重視して、秩序をつくり出す〈はたらき〉を高める生きかたをめざしますから、〈共生〉ではなくて、〈共創〉がキーワードになります。

〝〈存在〉の人生〟から〝〈共創〉の人生〟へ、〝〈存在〉の文明〟から〝〈共創〉の文明〟への手がかりとなるのが、〈いのち〉なのです。したがって、〈共創〉は、〝〈いのち〉を活かす生きかた〟〝〈いのち〉を活かす文明〟の創造を意味していることになります。

墨絵と中国医学　東の文明と連続的自然観

❖アジアの気候と世界観

〝〈いのち〉を活かす生きかた〟をめざすためには具体的にどんな手がかりが必要か、という問題を次に考えなければなりませんが、そのまえに東洋文明の特質について少し考えておきたいと思います。そこで、ヨーロッパ文明が厳しい自然環境の中で生まれ、〈閉鎖系〉的な世界観をもっているという特質とくらべながら、東アジアや南アジア文明の特質をさぐってみることにします。

日本や中国などの東アジア、およびインドなどの南アジアの気候はヨーロッパよりもはるかに温暖で雨もたくさんふります。このような自然環境のなかでは、稲作を中心とする農耕社会が生まれるのは自然のなりゆきです。

自然は人間が戦うための相手ではなくて、豊かな恵みをもたらしてくれる存在と感じられますから、人びとは自然に対して親近感をもつようになります。私たちの祖先は、自然の恵みをもたらす太陽・水・大地・穀霊などを神がみと仰ぎ、日本古来の宗教的な自然観が形成されました。したがって、日本の伝統的な文化のなかでは、神と人と自然のあいだに断層はみられません。この点は気候の温暖なギリシアの世界観とよく似ています。同じような世界観はインドで生まれた仏教にもみられます。仏教思想においては、仏―人間―生物―無生物のあいだには決定的な断層はありません。仏は人間を含む万物のなかに内在すると同時に、物質を超えています。

このように、神仏と人間と自然を明確に分離しない世界観は、まえに述べた〈開放系〉モデルの世界観によく似ていることに気がつきます。

南アジアから東アジアにかけての、温暖で水に恵まれたモンスーン地帯では、〈開放系〉モデル的な連続的自然観が形成されてきたのが一般的な特徴のようです。

❖墨絵とデッサンの違い

このような自然観を土台として、東アジアではヨーロッパとは本質的に異なる文化が形成されてきました。たとえば、中国や日本には墨絵という独特の絵画があります。墨絵の特色は大きくわけて三つあります。第一に一つの線は一回かぎりで、けっして塗り重ねをしないこと。第二に何も描かれていない空間が絵画の重要な構成要素となっていること。そして第三に、黒一色で多くの「色」を感じさせることです。この特徴を西洋の油絵やデッサンとくらべると、その違いがよくわかります。油絵やデッサンでは、同じ場所に線や色を重ね書きするのが普通です。また、デッサンは鉛筆で描かれた物体の形に注目しているだけで、空白の部分には重要な意味をあたえられていません。

書道と同じく、重ね書きをしないこの墨絵の筆法は、中国や日本の古来の考えかたである「心身一如」の深い精神性を表現するために不可欠の技法です。古来、有名な墨跡や墨絵が禅僧によってのこされたのも、禅の深い境地を表現していて、観《み》る者の心を打ったためと思われます。一本の鋭い線のなかに、躍動する生命を感じさせ、「今、この一瞬」に全生命を集約させる真剣勝負のような生きかたの気魄《きはく》を感じさせるのが、墨絵や書道の特徴です。

日本の弓道には「一射、一生」という教えがあります。私たちの一挙手、一投足はすべて消え去るものです。したがって、私たちは二度と同じ「射」を体験することができません。その矢が的にあたるかどうかにかかわりなく、一つひとつの「射」には一生をかけたような重みがなければなりません。ですから、一つの「射」は一生の縮図であり、生死を賭《か》けた一大事なのです。

書道や墨絵が、同じ線を二度とかかないのも同じ考えかたから生じていると思われます。墨絵や弓道は禅の影響を受けて発達したために、墨絵は楽しむための趣味ではなく、弓道は勝ち負けを争うスポーツとは異なる本質をもっています。

❖「変化」を重視する東洋思想

このような文化は、仏教の「諸行無常」という世界観と深い関係があります。「諸行」とは、物質的・精神的な現象の世界に出現したすべてのものを意味します。「無常」とは、一切の現象に恒常性がないという意味ですが、これには二つの意味が含まれています。

一つは「一期無常」で、もう一つは「念々無常」です。一期無常とは、出現したものは一定の期間しか存在できず、やがてはかならず消滅するという意味です。念々無常とは、万物は刻々に様相を変えており、一瞬も静止することがないという意味です。

したがって、時間の流れのなかで自然現象をとらえれば、万物は変化し、やがて消滅するというのが「諸行無常」という言葉のなかに含まれる東洋的な世界観です。すなわち、東洋的な世界観では、現象の本質を「変化」という〈はたらき〉としてとらえています。近代科学が「変化とは何か」という問いを立て、変化の本質を原子・分子という〈存在〉の離散・集合に帰着させたのと対照的な世界観です。

このような考えかたの違いは自然と人間とのかかわり合いかたにも見られます。西洋文明では、人間の技術が自然をおぎない、自然を完成させるのに役立つという考えかたが支配的です。したがって、自然にはたらきかけるための人工的な技術は、西洋文化のなかでは本質的に重要な役割をはたしています。たとえば、ヨーロッパの庭園は、庭造りの作業が終わった瞬間に完成されたと考えられ、その後は、自然がその人工物を破壊しないように手入れをするという立場に立っています。

このような技術優先の考えかたに対して、東洋、とくに日本では、人工的な技術もしょせんは自然におよばないので、技術を完成させてくれるものは自然である、という伝統的な考えかたが残っています。たとえば、日本庭園は庭師の作業が終わったときに完成するのではなくて、その後何年かのあいだに自然の営みが加わってはじめて完成した姿に近づく、という考えかたがとり入れられています。

❖「有」と「無」の相補性

墨絵の第一の特徴が、〈心〉と〈からだ〉を分離しない「心身一如」の考えかたと、現象を時間的変化としてとらえる世界観を象徴しているのに対して、第二の特徴は「有」と「無」を、対立した関係とみなさないで、たがいにおぎない合う関係であるとみる世界観を象徴しています。デッサンが物体という〈存在〉だけに着目して、空間の意味を無視しているのに対して、墨絵は空間と物体が一体となって一つの画面を構成しています。また、油絵ではすべての画面を絵の具で塗りつぶしますが、一般的に墨絵には空白が多いのが一つの特徴です。

「有」と「無」はおたがいに関連するもの、支え合うもの、あるいは転換し得るもの、とみなすのが東洋的な世界観の特徴です。このような世界観は般若心経のなかにある「色即是空、空即是色」という経文にもよく表れています。「色」とは「形あるもの」「この世に存在しているもの」を意味しています。また「空」は何もない状態ではなく、すべてのものの根元で、究極の実在を意味します。このような意味において、物質と空間は「有」と「無」の関係ではなく、実在の二つの側面とみなされます。

「色即是空」は別の意味に解釈することもできます。「空」は徹底的に否定していくはたらきをあらわしていますから、「この世に存在しているもの」としての自分のありかたを徹底的に否定していって、自分というものがまったくなくなってしまったときに、自分よりもっと大きな宇宙的生命のなかに生かされている自分を再発見することができるという意味に解釈することもできます。この場合には、一度否定した自分が、もっと深い別の次元から肯定されることになります。このような意味で、「否定」と「肯定」は対立する概念ではありません。そのような世界では「生死一如」となります。この点も、科学の二分法の論理と異なっています。

❖東洋的世界観と〈開放系〉モデル

物体と空間を関連づけて考えるという世界観は、個体としての人間と環境とを関連づけて考える〈開放系〉モデルの生命観とよく似ています。また「心身一如」は、〈心〉と〈からだ〉の関連性を重視する〈開放系〉の生命観とも共通しています。

墨絵の第三の特徴は、仏教の「一即多、多即一」という世界観を象徴しています。十一面観音像や千手観音像は、大衆を教化、救済する観世音菩薩の多面的な機能を表現していて、「一即多」の世界観を人びとに伝えています。墨絵の「黒」は単なる黒色ではなく、時に応じて山々の緑となり、神秘的な湖水の色となり、四季おりおりの花の色となって千変万化します。「黒色」は客観的には一つの〈存在〉ですが、観る人との心の〈つながり〉のなかで、その意味内容が変化するのです。ここにも関連性のなかで現象をとらえようとする東洋的世界観の特質があらわれています。

墨絵という東洋独自の芸術を例にとって、その中に含まれる東洋的な世界観の特質をみてきました。その基本となっているのが、対象を分離せずに連続的な〈つながり〉のなかでとらえる〈開放系〉的な世界観であり、現象を変化としてとらえる機能論的な自然観であることがわかります。したがって、〈いのち〉は〈つながり〉であり、〈はたらき〉である、という私の自然観は、東洋文明の伝統的な自然観と大変よく似ていることになります。

けれども、私の〈いのち〉という考えかたは、東洋文明の考えかたを土台として導き出したものではなく、近代科学の一部で注目されはじめた〈開放系〉モデルという自然観を参考にしながら、従来の自然科学の枠組みにとらわれない柔軟な目で自然を観察し、自然から学んだ結果えられたものです。

東洋的な自然観の特徴は中国医学のなかにもみられます。中国医学の特徴は、人間の〈心〉と〈からだ〉を全体的な関連性のなかで考えることです。西洋医学では、病気を特定の臓器や細胞の異常と考えますが、中国医学では〈心〉と〈からだ〉を含めた全体的なバランスの異常に着目します。西洋医学は〈からだ〉の構造を土台として〈からだ〉の機能を考えますが、中国医学では、生きている人間の全身的な機能に着目します。すなわち、西洋医学は要素還元的・存在論的生命観を土台としているのに対して、中国医学は総合的・機能論的生命観を土台としているとみなしてもよさそうです。

これまでみてきたように、日本・インド・中国の文化は、対象を二分法的に分離しないという世界観をもち、現象を機能論的にとらえるという点において、私の提唱する〈開放系〉モデル的な世界観とよく似ているということに気がつきます。しかし、〝〈いのち〉を活かす〟という、〈共創〉の思想は、インドや中国の文化的伝統とまったく同じ内容を意味するものではありません。

❖個人的な悟りをめざすインド思想

インドや中国の世界観と共通性があるのは事実ですが、それぞれの国では文化の目的にかなり大きな差異があります。インドでは文化的な知的行為の目的が「宗教的解脱」に集約されるという傾向がみられます。仏教やヨガにはその特色が強く内在しています。人間が自然を超越し、宇宙と一体になることに向かって努力が積み重ねられるのです。暑さの厳しいインドの気候風土のなかでは、人が自然から超越した涅槃《ねはん》（悟り）の境地を求めるのは自然のなりゆきかもしれません。

このような特質は人間的な成長のためには役立つのですが、自然環境そのものに対する関心が薄くなる傾向を生みやすいので、現代のように深刻な環境問題に対処する文明を創造するためには弱点をもっているように思います。

❖自然との適合をめざす中国思想

一方、中国の伝統的な文化のなかでは、知的行為の目的が「倫理的実践」に求められてきました。天地自然の秩序に対して人の道を適合させようとするのが基本的な考えかたです。中国古来の「運気論」は、星の運行に関する天文観測にもとづいて吉凶を占ったり、歴代王朝の盛衰を占ったりしたものです。つまり、天地自然の秩序にもとづいて、人間の運を予測し、できるだけ「凶」をさけて上手に生きようとする姿勢が読みとれます。自然は広大無辺のあたえられた環境であり、人間は自然に逆らわずにうまく適合しようとする受動的な態度がそこにみられます。中国の広大な土地のなかに生きる人びとの中にこのような自然観が芽ばえるのもまた自然のなりゆきと思われます。

しかし、現代の人類にとって、地球はもはや広大無辺の自然ではなくて、人類が積極的自然にかかわり合い、本来の秩序を回復させなければならない、「小さくて、弱々しい」自然なのです。自然の秩序に逆らわない生きかたを確立するという方向性は大いに学ばなければならないのですが、現代は人間が自然の〈はたらき〉と一体となって地球の秩序を回復させるという積極性が要求されます。

中国の気功が、健康法や能力開発の方法として日本でも人気を集めていますが、人間の個人的な健康や能力にばかり関心が向かっていて、地球という〈いのち〉に対する関心が薄いという点においては、インドのヨガと同じような弱点をもっているように感じます。

これからは、西の文明と東の文明の長所・特質を組み合わせ、新しい文明をつくり出す〈共創〉の考えかたが必要なように思います。

「あいまい性」の効用　基礎価値としての〈いのち〉

❖「最高価値」と「基礎価値」

西の文化は、人が自然を支配しようとし、インドの文化は、人が自然界の世界から離れた解脱を求め、中国の文化は人が自然にしたがい、自然に適合して、上手にたくましく生きようとします。人と自然のかかわり合いかたがそれぞれ異なっていることが、文化の特色を大きく変えています。そして、それぞれの目的に沿って、特色のある優れた文化をつくり出してきました。

このことからもわかるように、文化を支える基本的な価値観やものの見かたは文化の進む方向性を大きく左右します。したがって、二一世紀の文明を支える基本的な価値観を見定めることは大変重要な意味をもっています。

ところが、世界には基本的な価値観の異なった多種多様の文化が存在していますから、一つの価値観で統一することは不可能です。すなわち、〝この価値が最高である〟というような「最高価値」を提示することは困難です。

それにもかかわらず、二一世紀の文明を創造するためには、何か共通の「手がかり」が必要です。その手がかりとして提唱しているのが、〝〈いのち〉を活かす〟という考えかたです。韓国・国立忠北大学校教授の金泰昌《キムタイチャン》氏は、〈基礎価値〉という考えかたの必要性を提唱しておられますが、私は〝〈いのち〉を活かす〟ことを〈基礎価値〉と呼んでいます。この価値を無視しては、自然界の一部としての人間はなにごともなしえません。

けれども、この価値に反することをまったくしてはいけないということになると、現代人は生きることができなくなります。人間の経済活動じたいが、自然という〈いのち〉にある程度の悪影響をおよぼすことは基本的にさけられないからです。

ですから、〈いのち〉は〈基礎価値〉であり、「最高価値」ではないのです。〝〈いのち〉を活かす〟という考えかたの上に、それぞれの個人や民族がどのような最高価値をつけ加えるかは自由なのです。それは文明の進むべき方向に対しての示唆をあたえますが、厳密に固定された直線的な路線を示すものではありません。〝〈いのち〉を活かす〟という基本的方向性をふまえて、どのような生きかたが適当かという判断については、細かい点で個人差があらわれるのはむしろ当然のことなのです。また、科学的・体験的な方法で自然を深く探れば探るほど、〝〈いのち〉を活かす文明〟のありかたがよくわかるはずですから、時代とともに発展する可能性を秘めた考えかたです。

すなわち、私の提唱していることは、ファジーな形で、〝〈いのち〉を活かす〟という生きかたの方向性を確認することなのです。

◈大局的な判断に強いファジー思考

「ファジー」という言葉は、最近電機製品などのコマーシャルでよく耳にしますが、「あいまいな」という意味です。コンピューターは、本来「正」と「誤」に対する二者択一の論理を基礎として作動するものなのですが、なぜコンピューターに「あいまい性」がとり入れられたのでしょうか。

コンピューターは厳密な論理にしたがって作動するのですが、もし論理の前提に誤りがあって、それを訂正する場合には大変な時間がかかります。また、複雑な計算を完了したあとでなければ、結果の予測をすることができません。すなわち、複雑な計算にたよらずに最初から大局的な判断を下すには弱点をもっています。

ところが、人間の日ごろの行動は、かなりあいまいな概念や言葉にもとづいて営まれています。たとえば、「よい」「悪い」といった日常用語は、その範囲も境目もはっきりしません。しかし、「よい」という言葉の定義はあいまいであっても、「よい人生をおくろう」と決意することは重要です。それによって、生きていく方向性がある程度定まるからです。

また、概念があいまいですから、途中で軌道修正をすることもできます。「よい」と思って選択した行動でも、「あまりよくない」ことに気づけば、「もっとよい」方向に軌道修正をするのはさほど困難ではありません。この場合の「あいまい性」とは、「よい」と「悪い」の境界がはっきりしないことで、何も方針のない「いいかげん」とは異なるのです。

コンピューターにとり入れるファジー理論は、このようなあいまいな言語的な情報の利点を生かして状況を大局的に判断し、必要に応じて少しずつ軌道修正をするという手法をとり入れています。その手法によって、これまでの厳密な論理展開によるコンピューター制御よりもはるかに迅速に、一定の目的を達成することができるようになりました。

❖「主体的な判断」で〈いのち〉を活かす

新しい文明の創造や、新しい生きかたの追求も、このような方法が役に立ちます。環境問題などは、厳密な研究によって予測を立て、対策を考えるという方法では、時間がかかりすぎ、手遅れになるからです。大局的な判断によって進むべき方向を見きわめ、できるところから生活の場で実践する努力が必要です。

このあとで、〝〈いのち〉を活かすライフスタイル〟のための具体的な手がかりを考えていきますが、それはあくまでもファジーな方向性であって、自分が実生活に適用する際には、自分の個性や価値観にあわせた主体的な判断が必要です。たとえば、「バランス」という言葉が使われていても、AとBのバランスとは、かならずしもAとBが一対一という量的な割合になっているとはかぎりません。AとBのバランスの中味をどうするかは、文化の伝統や個人差によって異なります。また、同一の個人でも、経験によって変化するということを強調しておきたいと思います。

〈いのち〉を活かす手がかり　〈共創〉のライフスタイルをめざして

自然の秩序に学ぶ〈共創〉の生きかたの基本的な方向性を三つのキーワードで考えてみることにします。第一は「対極価値のバランス」、第二は「双方向性のバランス」、第三は「循環」です。

(一)対極価値のバランス

❖〈がまん〉の価値

第一部で、「一つの〈ものさし〉」だけに頼って生きるという生きかたには限界があるということを指摘しました。そこで、〃〈いのち〉を活かす〃という〈基礎価値〉に照らしてこの問題を考えると、どういう手がかりを得ることができるでしょうか。

自然のなかでは多様な生物が一緒に生きて生態系を形成しています。このような状況のなかでは、それぞれの生物がかぎられた空間・日光・養分などに対して、自分にとってつごうのよい条件とつごうの悪い条件が共存する状態のなかで、何かを〈がまん〉して生きていかなければなりません。すなわち、一つの個体、一つの種族だけに絶対的につごうのよい条件だけを選びとるというわがままは許されないのです。

個人としての人間や、人類という種族にとっても同じことが言えます。自分や人類にとって百パーセントつごうのよい条件だけを追求するという生きかたや文明の創りかたは、基本的に問題があるのです。

すなわち、私たちは、一方では「快適」という価値を求めて生活をしていても、他方では、〈がまん〉という非快適の価値を認めて、生活のなかでバランスをとる訓練をしなければなりません。家庭で甘やかされて育った子どもが人間的に問題の多い大人になるのは〈がまん〉という価値の大切さを体験せずに成長するからです。人間的に成長するためには、ある程度の貧しさや厳しさの体験が不可欠です。

❖厳しさがつくるおいしい野菜

生物は自分にとって生理的につごうのよい快適な条件を本能的に求めますが、一方では厳しい条件に耐える潜在的な力をも持っています。このような植物の潜在力を利用しているのが「緑健農法」です。緑健農法では、植物を強健に育てるために、肥えた土地ではなく、やせた土地に種をまき、ごく少量の水や肥料を作物の必要な時期にあたえるという育てかたをします。

作物がしおれ気味になったときに、地表面をぬらす程度に水をあたえ、けっして大量にはかけません。このような作業をくり返すと、地表面の近くに白くて繊細な根が発達します。緑健農法育ての親の永田照喜治《てるきち》氏はこの根を〝うまい根〟と呼んでいます。緑健農法では、この〝うまい根〟を地表面近くに発達させるために除草剤を使用しません。除草剤は地表面近くの細根や〝うまい根〟を枯らしてしまうからです。緑健農法では水や肥料がごくわずかでも、完熟を待って収穫するために糖度が高く、ビタミン類や各種ミネラルの豊富な野菜が得られます。糖度が高いので、野鳥がナスを食べ、野犬がレタスを食べるほどです。

緑健農法は厳しさによって〈いのち〉を活かす農法です。普通栽培では、水や養分が十分あたえられているために、〝うまい根〟が育たないのです。人間も同じことです。物質的に豊かな環境だけに慣れて育つと、わがままになって、生きるための〝よい根〟が育ちません。

❖時と場合に応じて価値観を変えよう

「豊かさ」に対する「貧しさ」、「楽」に対する「厳しさ」はそれぞれが反対の価値です。このような反対の価値、すなわち〝対極価値〟の必要性と効用を見なおすことは、一元主義の限界を克服するための大切な手がかりとなります。

現代の日本のようにものと人工情報のあふれている国では、ものや情報の少ない生活体験をどのようにとり入れるかは一つの大きな課題です。日本とは極端に事情のちがう貧しい国々の実情を知る機会をもつだけでも大きな体験です。また、逆にそれらの国々では、生きるための最低限の「豊かさ」を手に入れることが緊急の課題となっています。

〝対極価値〟のバランスというと、AとBの中間をとる中庸の道を連想しがちですが、ここでは、時と場合に応じてAを重視したり、Bを重視したりする動的バランスを意味しています。常に反対の価値も視野に入れていることがポイントとなります。

〝対極価値〟のバランスという考えかたは無限の応用の可能性をもっています。経済価値に対する心的価値や自然貢献価値、自然支配型技術と自然活用型技術、〈からだ〉と〈心〉、理性と感性、生と死など考えなければならないことはたくさんあります。

また、西の文明と東の文明がおぎない合うような形でバランスをとることも大切です。おたがいにおぎない合うような関係、すなわち相補的な関係も、〝対極価値〟のバランスの一つの姿です。

その中のいくつかの問題はまたあとでとりあげることにして、つぎに第二のキーワードについて考えてみます。

(二)双方向性のバランス

❖自発的に「席」をゆずるカエル

〝対極価値〟のバランスというキーワードは、一つの価値観を絶対視し、その価値を求めて一直線に進もうとする〝一方向性志向〟を是正する手がかりを意味しています。これに対して、〝双方向性〟は、〈存在〉を重視する〈閉鎖系〉発想の近代文明の欠点を是正する手がかりとなります。

〈いのち〉は多様なシステムの相互依存性でなりたっていますから〈つながり〉が重要な意味をもっています。個人・企業・国家・民族・人類などがそれぞれの〈存在〉を重視すると、「自分のため」という自己主張だけが行動の決定要因となることはすでに述べたとおりです。

けれども、自然界の秩序形成は、部分という〈存在〉が、より大きなシステムのために役立つという仕組みでなりたっています。

オーストラリアに住むある種の小さなカエルは、温度が高く、湿度の低い昼間は大きな岩と岩のあいだに入って皮膚の乾燥を防いでいます。ところが、岩の奥の充分に湿った場所がせまくて多くのカエルが入ることができない、というような状況もおこります。そのような場合には、岩の奥の湿った場所で充分に皮膚を湿らせたカエルは自発的に外に出てきて、入口付近のカエルと交替をするというような行動が見られるそうです。個体の生命を守るという機能と種族を守るという機能が両立しているのです。

この例に見られるように、部分の秩序を維持する機能と、全体の秩序を維持する機能とのバランスがとれていることを〝双方向性〟のバランスと呼ぶことにします。

❖内からみる目、外からみる目

〈開放系〉の秩序形成は、このような〝双方向性〟のメカニズムによってなりたっています。自然の生態系の場合には、前述のカエルの例に見られるように、自然からあたえられた機能に素直にしたがって生きることによって〝双方向性〟のバランスが保たれることが多いのです。けれども、人間の場合には独自の判断をする「自由」をあたえられているために、よほど自覚して気をつけないと、〝双方向性〟のバランスがくずれます。〝双方向性〟は、部分と全体という二つの〝対極価値〟のバランスをとることを意味しますが、〈開放系〉の秩序形成にとってはとくに重要な意味をもっているので、独自にとりあげることにしました。

〝双方向性〟は、個人と社会、人類と自然などのように、さまざまのレベルで考えることができます。〈閉鎖系〉的な立場に立つとシステムの内側から外界を見るという一方向的なものの見かたに陥りがちですが、〈開放系〉的なものの見かたでは、システムの外側からシステムの内部を見るという視点が導入されるために〝個別価値優先志向〟や〝一方向性志向〟の欠点をおぎなう可能性がでてくると思われます。

❖空間的・時間的な〈役割認識〉

外側からの視点の導入によって、〈空間的役割認識〉と〈時間的役割認識〉が生まれてきます。〈空間的役割認識〉とは、自然・社会・文化という三つの環境のために個人や組織がどのように役立つかという役割認識。〈時間的役割認識〉とは過去と未来に対してどのような役割をはたすかという役割認識を意味します。

〈空間的役割認識〉は、友人や家族、自分の家の庭の自然というような小さなスケールから、地球規模の自然や人類を考えるという大きなスケールにまで視野を拡大する必要があります。また、〈時間的役割認識〉は、自分が生きている人生時間だけに着目するのではなく、自分の死後に何を残すかという立場で、少なくとも百年を単位とした時間的スケールの拡大が要求されます。

家族や企業のような場合には、自分の属する集団の内側と外側の区別をするのは容易ですが、自分がどのような集団に属するのか、はっきりしない場合には、外側からの視点を導入するのは大変困難です。そのもっとも典型的な例が、人類と自然の関係です。人類は自分たちが自然の一部であり、自分たちが地球という自然の秩序維持のために空間的・時間的な役割をはたさなければならない、ということに長いあいだ気づかずに文明をつくってきました。それは、これまでの多くの文明に共通する弱点です。環境破壊の問題が表面化することによって、人類ははじめて事態の重要性に気がつきはじめました。

自然界の一部としての人間は、全体として自然の秩序回復のために一定の役割をはたさなければなりません。その場合に、人間が自然界の外に立って、自然を「保護」するのではなく、自然の一部として役割をはたすという謙虚な姿勢が必要と思われます。それが私の提唱する〈共創〉の思想の重要な考えかたです。

❖強者と弱者の〝双方向性〟

私たちがふだん見落としている、もう一つの別な例は、先住民族との関係です。日本にはアイヌという先住民族が住んでいますし、アメリカにはインディアンという先住民族が住んでいます。そして、それらの先住民族は、〈力づく〉で多くの迫害を受け、現代でも社会のなかで肩身のせまい思いをして生きています。アイヌは現在でも、社会的・政治的に差別を受けています。私たちは気がつかないうちに「加害者」になっているのです。

似たような例は、強者と弱者の関係にも見られます。健常者に対して、心身障害者は弱者の立場になりますが、これまでの社会は健常者の立場を中心にして社会が構成されてきました。また、高齢者に対して、若者は強者の立場に立っています。いずれの場合にも、強者と弱者の〝双方向性〟を視野に入れた生きかたや社会づくりがこれからもっと必要となります。

つまり、強者が弱者を守るという一方的な考えかたではなく、おぎない合い、役立ち合って、全体の秩序をつくるという〈共創〉の思想が必要です。とくにこれからの高齢化社会を迎えるにあたって、若者のつごうだけを優先させた核家族化という習慣は再検討の余地がありそうです。

❖過去に対する責任・次世代に対する責任

〈時間的役割認識〉については、過去の文化遺産を受けつぐという責任と、それをよりよい文化に進歩させて次世代にのこすという〈役割認識〉が必要です。函館の歴史的景観をだいなしにするようなマンションが、投資目的でつぎつぎに建設されて住民のひんしゅくを買ったことがありましたが、これは経済価値だけにふりまわされて、〈空間的・時間的役割認識〉をもたない行動の好例といってもよいでしょう。

また、私たちは好むと好まざるとにかかわらず、過去の自国民の犯した罪に対しては責任を負わなければなりません。日本軍による従軍慰安婦の問題なども、たとえ私たちが直接かかわらなかったとしても、日本人としては、迷惑をかけた近隣諸国の人びとに心からおわびをする姿勢をもたなければならないと思います。

いま、日本にはアジアから多くの人びとがきていますが、日本人がそれらの人びとを見くだすような姿勢は厳に戒めなければならないでしょう。

ある日本人の学生は、「日本をアジアと思わないでくれ」「君の国(マレーシア)では、なぜ戦争のことを書いて日本人の評判を悪くしているのか」といって、アジアの友人を驚かせたそうです。

日本人は、わずか数十年前に行われた他民族への迫害の歴史を冷静に見つめ、同じようなあやまちを次世代に残さないように覚悟を新たにしなければなりません。それが時間軸の中における〝双方向性〟の一つの意味だと思います。

㈢循環

❖自然界にツケをまわす技術

近代科学技術文明が自然を支配することに目をうばわれて、〝自然から学ぶ〟という姿勢をもたなかったために犯した大きな失敗の一つが、一方通行型の科学技術と経済システムだといってもよさそうです。

産業革命は、化石燃料の使用によって大きな機械力を利用することを可能にしましたが、燃料をもやしたあとの排気ガスを無雑作に自然界に放出することに何の疑問も感じていませんでした。すなわち、化石燃料の使用による科学技術は、あと始末をすべて自然界におつしける虫のよい〝〈ツケまわし〉の技術〟だったのです。

殺虫剤のような農薬やプラスチックも、まったく同じ発想によってなりたっています。これらの薬や人工物を自然界の微生物が分解して、自然界の〝循環〟システムのなかに組みこんでくれるならば問題は少ないのですが、多くの人工物は微生物によって分解されないために地球上にたまり続けます。

このような一方通行型の科学技術と経済システムを、少しでも自然界のもっている循環型の秩序形成システムに近づけることが、二一世紀の文明の大きな課題です。

これまでの〈ツケまわし〉型の文明は、自分中心、人間中心、生活中心という価値基準によってなりたっていました。自分の健康に問題がなければよい、人間にとって快適であればよい、現在の生活が便利であればよい、という考えかたが、このような価値観を象徴しています。

〈いのち〉を活かすための空間的・時間的な〝双方向性〟という立場に立てば、このような考えかたには本質的な問題があるのは明らかです。

❖ゴミをもち帰る登山隊

自分の健康と他の人びとの健康を同時に視野に入れることができれば、自分とかかわりのないところならゴミを捨ててもよいという、ひとりよがりの判断は許されないはずです。他人のところにゴミを捨てる、という〈空間的なツケまわし〉は、自分中心の価値観から生まれます。自分のゴミをできるだけ自分で処理する、自分の出すゴミはできるだけ少なくする、という生活のしかたは、空間的な〝双方向性〟の価値観から生まれます。

たとえば、「神奈川ヒマラヤ登山隊」は、「地球にやさしい登山隊」をモットーに、ザイルなどの登山道具のほか、登る際に出たゴミをすべてもって下山するヒマラヤ登山を平成四年に計画しました。環境問題を考えて、食糧・装備の包装も簡略化しました。これからは、何をするにしてもこのような心がけが必要です。私の家でも、家庭用のゴミ焼却器や生ゴミの処理装置を小さな庭においています。

〈空間的なツケまわし〉は地球的な規模でもおこります。たとえば北欧諸国はイギリス、フランスの重工業地帯からの大気汚染物質の影響を受け、カナダもアメリカの重工業地帯の影響を受けて森林が破壊されています。そして、日本でも、中国や韓国の工業化によって、酸性雨という「もらい公害」がしだいに深刻化するだろうと予想されています。現在東京都の中心部に降る雨のpH（水素イオンの濃度）は約四・五で、すでに絞りたてのオレンジジュースよりはまだましなぐらいの酸性雨になっています。

環境問題に国境はありません。あらゆるレベルで、自分と他人の境界はないのです。人間が勝手につくった自分と他人の境界を超えて、共に協力して自然界の秩序を回復する〈共創〉の価値観が、個人・企業・地域社会・民族・国家に要求されているのです。〈空間的なツケまわし〉を少なくするのは、社会的な〝双方向性〟の価値観と、それを防止する技術の開発です。

技術だけ、価値観だけでは環境問題は解決しません。心と技術のネットワークが必要です。心と技術は広い意味では〝対極価値〟ですが、両者はおたがいにおぎない合うという性格をもっていますから相補的な価値です。自然の〝循環〟システムに学んだ文明の創造には、心と技術のバランスが不可欠です。これまで、西の文明は技術にたよる傾向が強く、東の文明は精神にたよる傾向が強かったので、そのような意味でも西の文明と東の文明のバランスが必要になります。

❖循環重視のライフスタイルを

そこで生活中心の価値基準も考え直さなければなりません。使い捨てと大量消費は、生活の一時の利便性のために、出さなくてもよいゴミをため続ける文化であることは、すでに指摘したとおりです。それは〈時間的なツケまわし〉の生活を意味します。〝できるだけ物を少なく、長く大切に使う〟という考えかたは、ともすれば物資が少ない時代の古くさい倹約思想と思われがちですが、地球の〝循環〟システムを回復させるためには、豊かさの〝対極価値〟として生活のなかにとり入れなければならない新しい意味をもっています。

私たちは生活の一断面における利便性だけに焦点をあてず、つぎの世代のために、自然の秩序を少しでも回復させる努力をしなければなりません。それが時間軸のなかの〝双方向性〟です。家庭の廃油を回収して公害のない石鹸をつくり、自分たちの村や町の川・湖・沼に魚や蛍を呼びもどす市民運動が少しずつ広がっています。このような市民運動によってよりよい自然を残すことができます。

自然破壊のツケを次世代にまわすか、ツケを清算して次世代にわたすか、それは現在の私たちの〈時間的役割認識〉によってきまります。

〈いのち〉を活かす技術　ものと心のネットワーク

❖バクテリアによる水の浄化

自然の〃循環〃システムを回復させるためには、自然界がもっている〈いのち〉の潜在能力を活用する技術が必要です。すなわち、自然を〃〈力づく〉で支配する技術〃ばかりでなく、〃〈いのち〉を活かす技術〃の開発と活用をめざさなければなりません。

たとえば、天然の水の浄化作用に対して大きなはたらきをするのはバクテリアです。その原理を応用すれば、〈いのち〉を活かす浄化技術ということになります。

京都市の中心部から南へ約一五キロ、京都府城陽市ではバクテリアを使った浄化装置の建設が進められました。

城陽市では地下水を処理する浄水場は三カ所ありましたが、一万三〇〇〇トンを処理する「第三浄水場」は地質の関係で、鉄が水質基準値の三倍ちかい〇・八一ppm、マンガンも基準値に近い〇・二一ppm出ます。これまでは、塩素や凝集剤を大量に投入し、鉄やマンガンを取り除いていました。

人口が増えてきたため、一九八六年、第三浄水場の規模を倍にしようと検討する段階で、バクテリアを使う方法に着目し、一九九一年から建設をはじめたのです。

活用するバクテリアは、鉄やマンガンを酸化して、体の表面などに沈着させる性質があります。厚さ九〇センチの濾過《ろか》層には砂や砕いた石が入れてあり、ここでバクテリアが繁殖します。従来の型の施設にすると約六億五〇〇〇万円の建設費がかかるところ、バクテリア処理に切りかえたおかげで、約二億円も安くなり、塩素や凝集剤の費用も年間二〇〇万円節約できるそうです。

自然界のなかのバクテリアのはたらきを活用すれば、建設費が安あがりで、しかもおいしい水が得られるのです。これからは、自然界の潜在的な力を活用する技術を、積極的に開発しなければなりません。

❖雪の冷蔵庫

水の話が出ましたから、今度は雪の話題をとりあげてみます。新潟県湯之谷村には、雪のドームのなかで野菜を長期間貯蔵する施設があります。村の農事組合法人グリーンファームが運営している貯蔵施設で屋根と柱だけでできています。この貯蔵施設を、冬のあいだに厚さ四メートルほどの雪ですっぽりとおおい、断熱シートをかぶせます。

施設は一九八九年に完成。内部の温度は一年中二度前後で、湿度はほぼ百パーセント。

文字どおりの天然の冷蔵庫を人工的に完成したのです。野菜は半年たっても鮮度が維持され、端境期など、供給量が少なくなったときでも出荷できるようになりました。

冬のあいだのやっかいものの雪が活用できて、野菜は甘みがまし、漬け物はすっぱくならず、日本酒はまろやかな味に仕あがります。しかも、電気代はかからず、フロンの公害も発生しません。自然の〝循環〟システムを少しも壊さずに、食物の〈いのち〉を活かすことができるのですから、一石三鳥の自然を活かす技術です。

❖農薬を使わない技術

食品といえば、大量の除草剤や殺虫剤で育てられる野菜や果物に対して、農薬の量を少なくしたり、あるいは農薬をまったく使わない野菜や果物が人気を集めるようになってきました。

最近は米の自由化の問題が話題になっていますが、経済的な問題にばかり焦点が向けられていて、輸入米には日本のお米よりもはるかに大量の農薬が使われているという事実はあまり問題になっていないようです。経済的な論争よりも、こちらの方がもっと重要な問題であり、結果的には経済問題をも左右する内容を含んでいるはずです。

いずれにしても、これからは安全性の高い食物を供給することが大きな課題となります。ところが、大量の農薬で微生物が住めなくなった「死んだ土」を、微生物の住む自然な姿にもどしてやるのは容易なことではありません。農薬を使わないで野菜や果物がつくれるようになるには、最低三年から五年、場合によっては一〇年かかるといわれています。

農薬を使わない自然農法や有機農法にきりかえようと試みる人は、みな、このきりかえ時期に大変な苦労をしています。しかし、途中で断念しなければ、やがて大地は生命力の強い野菜や果物、あるいは稲を育ててくれます。

農薬を使うのも技術、使わないのも技術です。前者は〝自然を支配する技術〟、後者は〝自然を活かす技術〟です。〝自然を活かす技術〟もまた、忍耐と努力と経験が必要です。そして、それ以上に植物と人とに対する愛情が必要です。〝自然を支配する技術〟は知識と経験だけでも用が足りますが、〝〈いのち〉を活かす技術〟には愛情と忍耐が不可欠なのです。

❖歯無しにならない技術

医療を例にとって、技術と心の問題をもう少し考えてみることにします。昭和五八年、朝日新聞に連載された「歯無しにならない話」でとりあげられた実例です。（朝日新聞科学部著『歯無しにならない話』朝日新聞社）

重症の歯周病（歯槽のう漏）の歯を救ってもらおうと、わらをもつかむ思いで大阪府豊中市の片山恒夫医師を訪れた、静岡の大石さんは、種々の指示とともに受診レポートを提出するように指示されました。そのうえ、毎晩四〇分のブラッシング。玄米の三分がゆを一口五〇回ずつかむ、靴のひもを結ぶときなど、身をかがめたら肺の空気を出しつくす呼吸法を一日に数回。

そのうえ、力士がよく行う「鉄砲」を指示されました。片足を出して、左手と右手で柱を押す訓練です。上体の筋肉全体の訓練になると同時に、歯にも自然に力が入るので、歯周病を治療するための全身療法だったのです。

それにしても、片山医師はなぜこんなに過大とも思える要求を患者に課したのでしょうか。それは大石さんの歯周病があまりにも重症だったために、その歯を抜歯をせずに救うための手段だったのです。

歯と歯ぐきのはがれのことを専門用語で、ポケットと呼びますが、大石さんの一番悪い歯のポケットは一二ミリもありました。歯科医のあいだでは、ポケットが七、八ミリ以上あれば重症で抜歯の対象になります。実際、大石さんはほかの歯科医で、すぐに三本抜くといわれていました。

ところが、自分の歯に対する愛着を、静岡からの長距離電話で訴えた大石さんの熱意にこたえて、片山医師は抜歯をせずに救う決心をしたのです。

それから三年間、患者と医者の二人三脚で、一二ミリのポケットが三ミリにまで回復したそうです。〝〈いのち〉を活かす技術〟が実を結んだのです。

抜歯は〝自然を支配する技術〟。簡単に決着はつきますが、歯は二度と生えてきません。抜歯をしないのは〝〈いのち〉を活かす技術〟。自分の歯は救えますが、大変な忍耐と努力が必要です。そして、〈いのち〉の潜在的な力を信ずる心、医者と患者の信頼関係など、さまざまの精神的要素が必要です。

〝〈いのち〉を活かす技術〟には、〈心〉が不可欠なのです。そして、医療の場合、その技術は、患者と医者の協同作業という形となって表れます。すなわち、〝〈いのち〉を活かす技術〟では、人と人とのネットワークもまた大切な役割をはたします。

〝〈いのち〉を活かす技術〟の実例はまだ数多くは見あたりませんが、これからは、このような方向の技術をいろいろな分野で開拓して、これまでの技術をおぎない、〝自然を支配する技術〟とのバランスをとることが必要と思われます。

第四部

〈いのち〉を活かすライフスタイル

逆境が育てる〈いのち〉〈気づき〉が変えた人生

❖逆境は最良の教師

「逆境は最良の教師である」といわれますが、これは人にも組織にもあてはまるようです。逆境は良好な環境に対する一つの〝対極価値〟ですから、逆境にも重要な価値があることになります。けれども、だれでもが逆境から大切なことを学びとるわけではありません。逆境にふりまわされて人間性を失ってしまう人も少なくないからです。

自分にとって不利な環境とは、自分が生きてゆくために、つまり自分が個人として存在するうえで不都合な環境や境遇を意味します。けれども、自分という〈存在〉を中心にものごとを考えずに、自分と他人との〈つながり〉に着目すると新しい方向性が見えてきます。〈いのち〉という視点から見るならば、自分と他人との〈つながり〉の中で、人と人とのあいだに秩序をつくり出すこと、自分が秩序をつくり出すために役立つことをさぐることによって、逆境を人生の転換に役立てることができるはずです。それが〝〈共創〉の人生〟です。

❖人生を変えた演歌

井上わこさんは、昭和五七年九月に、広島市で乗っていたタクシーが追突事故をおこし、ムチ打ち症と右足骨折で入院。足が治りかけた半年後、事故の後遺症で右目の視力を失いました。そのときに医者から、「左眼も見えなくなるかもしれないから、今から生きかたを考えておいた方がよい」と宣告されました。

ケガが治って、もとの幸せな家庭の主婦として生きようとしていた矢先に、悪夢のように訪れた両眼失明の恐怖。それも、まったくの偶然の事故が原因なのです。

「なぜ、私だけがこんな目に……」という失望の思いに勝てず、酒と睡眠薬に頼る日々が続きました。アルコールにおぼれる姿をみるのがつらくて、お母さんはいっしょに死のうかと思ったほどです。井上さん自身も何度も死にたいと思ったそうです。

とうとう井上さんは、アルコール依存症で入院することになりました。ところが、人生の転機というのはいつ訪れるかわからないものです。テレビから流れてきた演歌が井上さんの心をとらえました。

ひとりの主婦が歌っていた「人生」という歌を聞いているうちに、井上さんの眼から、涙がとめどなくあふれてきたのです。

〈歌にはこれほど人の心をなぐさめる力がある。私は目は見えなくても歌はうたうことが

できる〉

そう気づいた井上さんは、歌を習うことを決意。入院中からさっそくカラオケを習いはじめました。「人生」という演歌が、文字どおり井上さんの人生を変える転機となったのです。

そんな努力が実って、昭和六二年三月、「広島演歌祭り」で優勝、その副賞として、「広島演歌を作る会」より、オリジナル曲「人生演歌灯り」「夢ごころ」をプレゼントされました。暗かった井上さんの家庭にも、いつのまにか、明るい笑い声がもどっていました。

その年の一〇月には歌手としてデビュー。その後は、老人ホーム・身体障害者施設・刑務所などの慰問活動を続けるとともに、車椅子基金などのチャリティーリサイタルを重ねるようになりました。さらに、同じ盲人仲間のために、盲導犬を贈るための募金活動をはじめ、大阪の日本ライトハウスを通じて、すでに五頭を視力障害者に贈りました。

障害をはね返して福祉活動を続ける井上さんに感激した山口県出身の作詞家、星野哲郎さんと作曲家の船村徹さんは、さらに大きく全国的な活動ができるようにという願いをこめて、「御多福手帖」と「人生乾杯」を贈り、日本コロンビアから全国デビューを果たすことになりました。

平成三年秋には、NHKラジオ「人生読本」で生きることの貴さを訴え、多くの人の共感を呼びました。

井上さんの生きかたが共感を呼ぶのは、人生の試練を演歌によって克服した努力と、老人や障害者に対する暖かい〈思いやり〉の心に胸を打たれるからだと思います。

❖ないものを求めず、あるものを活かす

井上さんの人生を変えたのは、「演歌が人の心を動かすことができる」「目は見えなくても歌はうたうことができる」という二つの発見です。このような発見を私は〈気づき〉と呼んでいます。前者は、涙があふれてきたという感情を自分の生きかたの問題としてとらえる〈気づき〉、後者は失った視力にこだわる心から放れて、持っている他の機能に目を向けた〈気づき〉です。

私たちは、失ったものや、ないものにこだわると、自暴自棄となり、身動きがとれなくなります。自分の身体的な欠点や障害にこだわると、他の健全な部分が見えなくなります。他人の欠点にこだわると、その人の長所が見えなくなるのも同じ心理です。「ないものを求めず、あるものを活かす」という考えかたは、自分と他人の人生をイキイキとさせる〈気づき〉を引きだすための大切なヒントとなるような気がします。

そのような〈気づき〉をもとにして、カラオケの練習に打ちこんだことが井上さんの人生を変えたのです。

もう一つ大切なのは、演歌を人のために、とくに社会的に弱い立場にいる人びとに役立

ていることです。人のために役立つ生きかたをすることによって、人から喜ばれ、感謝される幸せを井上さん自身が味わっているはずです。

自分の個性や特質を人のために役立てることは、人間がイキイキと生きるためのもっとも重要な条件であることを井上さんの生きかたから学ぶことができます。それが井上さんの人生における〝双方向性〟を意味することはいうまでもありません。

気づくこと・動くこと　人生を変える二つの能力

❖〈気づき〉は自己変革の双葉

井上わこさんの生きかたから、人生を変えるのは外からあたえられた知識ではなくて、自分自身の〈気づき〉なのだ、ということを学ぶことができます。人の話を聞いたり、本を読んだりしても、素直な心がない人は、知識を吸収することはできても、自分独自の新しい〈気づき〉を得ることができません。自分のものの見かたや価値観を無意識のうちに正当化して、「わかったつもり」で、人を批判するという考えかたが、〈気づき〉を押さえこんでしまうのです。

私たちのまわりには、人の批判ばかりをしている人がいますが、そういう人は何年たってもあまり成長しないように思います。私自身、人の批判をしたくなったときには、「自分は何をなすべきか」「自分に何ができるか」と考えるように努力はしていますが、いつもそういう気持ちでいるのはなかなかむずかしいものです。

困難に直面したり、失敗をしたり、すばらしい生きかたをしている人に出会ったりして成長する人は、自分にとって大切な生きかたのヒントをつかむ感性をもっています。私は最近、その感性を〈気づきの能力〉と呼んでいます。

どんなにたくさんの知識を身につけても、〈気づきの能力〉の貧しい人は成長しません。逆に〈気づきの能力〉の豊かな人は、知識がなくても、さまざまな日ごろの体験のなかでの〈気づき〉を原動力として成長していきます。

困難に直面して自分をダメにするタイプの人と、困難によって自分を大きく成長させるタイプの人との違いの一つは、どうやら〈気づきの能力〉の差にあるような気がします。

自分自身にとって大切なことに気づいても、それを実行に移さなければ人間は変わりません。〈気づき〉は自己変革のための大切な双葉ですが、〈行動〉という作業によって、それを育てなければ双葉はすぐに枯れてしまいます。

「気づくこと」と、「動くこと」、この二つの能力を身につければ、どんな人も個性的で、すばらしい人生をおくれるはずです。なぜならば、気づく内容は、人それぞれの個性的なものだからです。気づく内容は十人十色、百人百様なのです。ですから、自分で「ハッ」と気がついたことを大切にして、努力を続けると、本当にその人らしいイキイキした人生をおくれることになると思われます。

❖自己実現の三条件

それが「自分らしく」生きるための大切なポイントです。人のまねをしないで、本当に「自分らしく」生きることは〈自己実現〉のための第一の条件だと思います。自分の夢や、自分の本当にしたいことを見つけて、その実現にむかって努力をするのはすばらしいことです。そのような自分固有の夢にむかって生きている人はイキイキとしています。

生物はみな個性をもっています。犬も猫も、個性をもっています。自分の短所も長所もみな個性です。自分にあたえられたすべてを素直に認めたうえで、自分の本当にしたいことをするのはすばらしいことです。

そのような生きかたは、他人のまねをしたり、他人から言われてなすべきものではありません。自分の努力でさがし、自主的に行動をおこさなければいけません。そのような意味で、〈自己実現〉の第二の条件は「自分から」進んで生きることではないかと思います。日本人の若者の約六割が理想としている「趣味を大切にして生きる」という生きかたは、「自分らしく」「自分から」という二つの〈自己実現〉の条件にあっています。けれども、〈いのち〉という視点から見ると、人と人、人と自然との〈つながり〉が欠如しています。「何をしたいか」という内的動機だけが優先して、「何をしなければならないか」という〈空間的・時間的役割認識〉が欠如しています。

生物としての人間は、人と自然との〈つながり〉のなかで、全体の秩序形成に役立つという役割を潜在的にあたえられています。自分がこの世ではたすべき役割、すなわち「使命」を見定めるという視点が欠如すると、〈自己実現〉は単なる「自己満足」に終わってしまいます。したがって、〈いのち〉を活かす〈自己実現〉の第三の条件は、「まわりのために」生きることだと私は思っています。

それは封建時代のように、まわりのために個人が犠牲になったり、全体主義のように、個人が部品化されて、機械的に一定の役割をはたす生きかたとは異なります。自分の長所と特質を活かした「自分らしさ」を、社会と自然と文化という三つの環境のために、積極的に役立てる生きかたを、みずから進んで行うことを意味しています。

「自分らしく」「自分から」「まわりのために」という三つの条件を満たしたときに、〈いのち〉が活きてきますから、自己満足よりも深い喜びが得られます。「まわりのため」という目標は、意識が高まるほど、広く、深くなります。

二一世紀という時代は、広い世界と長期的な未来を視野に入れた「志の高い人」「使命感の進化した人」を必要としています。自分が時代を創る一員として生きるか、時代に流されて生きるかは、自分自身の〈気づき〉と〈決断〉と〈行動力〉にかかっています。

〝〈いのち〉を活かす〈自己実現〉〟とは、自分という存在を超えて、より大きな秩序形成のために自分を活かす〝〈共創〉の生きかた〟を意味しているのです。

「使命度」の高い企業　二一世紀を創る企業理念

❖ピンチを活かした逆転の発想

「自分らしく」「自分から」「まわりのために」という考えかたは、個人的な生きかたばかりではなく、企業のような組織にもあてはめて考えることができます。企業の〈存在〉よりも、社会との〈つながり〉に着目して、ピンチをきりぬけたヤマト運輸の例をあげてみましょう。

昭和四八年、オイルショックの需要低迷の中で、ヤマト運輸は水面下に没しそうなピンチに見舞われました。そのとき、小倉前社長は、「何もしなくてもつぶれる。そういう危機的状況にあるならば、座して死を待つことはない。新しい仕事にチャレンジしてみようではないか」と、家庭荷物の集配事業への挑戦を提案しました。

当時は宅配便という考えかたは民間企業にはなかった時代です。単価が安いうえに集配のコストがかさむ小口の家庭荷物を扱っても、ビジネスとしてはなりたたない、というのが当時の業界の常識でしたから、社内は反対意見ばかりで四面楚歌のありさまでした。まとまった商業荷物の扱いに慣れている民間の運輸業界の常識からみれば、家庭荷物を扱ってもかならず失敗するという考えかたは当然のことなのです。

けれども、この「あたりまえ」の意見は、企業の利益を中心にビジネスを考える〈閉鎖系〉思考を土台としています。すなわち、「何をしなければならないか」という価値理念を基礎としたものではなく、「何を売れば儲《もう》かるか」「何をすればつぶれないか」という企業中心の〈存在〉の論理を基礎としています。

すなわち、タテマエとしては「社会のため」といいながら、ホンネでは「会社の利益にならないことは一切やらない」という〝一方向性志向〟によって企業が運営されているのが一般的な傾向です。このような発想に凝《こ》り固まっているかぎり、〝儲かりそうな〟市場に殺到して、パイの奪いあいをやる、というパターンから抜けだすことができないのです。

ヤマト運輸の宅配便は、このような企業中心の発想から生まれたものではありません。利用者が何に不便を感じ、何に不満を感じているか、というお客さんの立場からの発想を基本としています。それまでの個人小口荷物は、郵便局と国鉄(現在のJR)にかぎられていましたが、不便、不親切などの不満の温床になっていました。そのような状況のなかで、運輸業としては何ができるかという〈役立ち〉思考に立っていたのが、小倉前社長の提案でした。

企業中心の利益とコスト重視の発想を超えた家庭荷物への捨て身の切りかえは中途半端なものではありませんでした。それまでの商業荷物の得意先をすべて断わって、背水の陣で新事業に立ちむかったのです。企業にとってこれ以上のピンチはありません。しかし、火事場のバカ力といって、ピンチに立たされた人間がヤル気をおこしたときには、〈いのち〉の潜在力が発揮されます。組織も同じことです。生きかたの方向性が〈いのち〉を活かす原則に合っているならば、みずから崖っぷちに立つことによって活性化の道が開けるはずです。

宅配事業としてスタートした初日の荷物はたったの二個、三年間ほどは会社がつぶれるような危機が続きました。そのような苦しい時期を乗りこえて、一四年後には一年におよそ四億個の荷物を扱う「クロネコヤマト」に成長しました。ヤマト運輸は、運輸業界では日本通運について二位のランキングですが、宅配便だけでは日本通運を抜いてトップになりました。しかし、宅配便転換以前は、業界ランキングでは二流の下に位置づけられる存在だったのです。

❖使命感からスタートさせる組織

個人でも組織でも、自分のために、という目的に沿った行動は必要ですが、それだけにこだわると〝一方向性志向〟におちいります。企業も利益をあげることは必要ですが、それだけを目的にすると、利益至上主義の落とし穴にはまります。

日本でおきたバブル崩壊は、「何のために」という価値基準をもたなかった経済界の利益至上主義のツケがまわってきた現象とみなすことができます。このような場合、景気回復のための小手先の手段を考えるよりも、「何のための経済活動なのか」という基本的な問題を問い直すことが急務です。この問題を問い正すことをせずに、単なるノウハウで景気の回復をはかるならば、経済界はこの「逆境」から何も学ばなかったことになります。

P・F・ドラッカーは、『未来企業』(ダイヤモンド社)の中で、社会における非営利組織の役割についてふれています。そして、「組織の計画や管理を収益からスタートさせる」企業は、「組織の計画や管理を使命からスタートさせる」非営利組織から学ばなければならない、と指摘しています。「大義を奉じ、使命をもち、情熱に燃え、自己管理による目標の設定と、その成果に対する責任」をとる非営利組織のありかたが未来企業にとっての教訓となる、というドラッカーの問題提起は、私の提案する〈いのち〉を活かす組織づくりと同じ方向性をもっています。

❖強い企業・賢い企業

戦略問題研究所所長の北矢行男氏は、「週刊ダイヤモンド」(一九九二年八月一五日・二二日号)の中でドラッカーの指摘をふまえながら、戦後の日本の優良企業を、第一世代の「強い企業」、第二世代の「賢い企業」という形で整理されています。第一世代の「強い企業」はトヨタや松下電器産業に代表されます。規模拡大や収益を重要な価値観とみなし、そのために効率中心の経営姿勢を貫きました。

それに対し、第二世代の「賢い企業」を代表するのはソニーやホンダであり、オリジナルな製品をつくり出すという技術志向を基礎に、世界に羽ばたくというグローバル化志向が強いという特徴をもっています。この目的を達するために、技術者が自由闊達《かったつ》に行動し、自分の仕事に誇りをもつ「仕事ロイヤリティー」の価値観が強い企業である、と北矢氏は指摘しています。

けれども、第二世代の優良企業でも、規模拡大や収益至上という価値観は第一世代と共通しており、「良いものを安く」という目標をかかげ、シェアを競う姿勢は変わっていません。いろいろな意味で転換期を迎えた二〇世紀末は、これまでの自由主義経済の原理を超えた新しい価値基準が求められています。

❖「ソシオ・カンパニー」から「エコ・カンパニー」へ

このような時代背景をふまえて北矢氏は、第三世代の企業として「志の高い企業」への変身を提案しておられます。北矢氏は、「志の高い企業」を「事業価値」「社会価値」「人間価値」の三つの価値のバランスのとれた活動を展開する社会問題解決企業と位置づけています。すなわち、企業の存続を第一義とした経営姿勢から、社会性をもった企業、すなわち「ソシオ・カンパニー」への変身を提言しておられます。
〝〈いのち〉を活かす〟という視点から見るならば、「志の高い企業」は生態系の一員としての人類という視点を基礎とした「エコ・カンパニー」への脱皮をめざさなければならないと私は思います。それは二一世紀の人類にとって、もっとも大きな役割をはたす第四世代の企業の方向性となるでしょう。

社会性をもった第三世代の企業と、私の提案する第四世代の企業とは、事業形態としてはよく似た〈役割認識〉をもっていますが、人間や社会の内的な欲求や必要性を基準とした価値を追求するか、人間や社会、人類中心の価値を相対化した立場に立つかという点で本質的なちがいがあります。

第四世代の企業は、〝〈いのち〉を活かす〟という視点に立って人間と社会を啓蒙し、自然の秩序維持に貢献する「使命感の進化した企業」というべきかもしれません。

そのような第四世代の企業がはたすべき使命は、第一に〝〈いのち〉を活かす文化の創造〟です。〝〈いのち〉を活かす文化〟が、従来のような「便利・快適・効率」という一元的な価値観にこだわった文化を意味するものではないことはいうまでもありません。人間・社会・自然の、空間的・時間的な秩序形成という視点から、すべての問題を根本的に問い直すことが要求されます。

たとえば、大量のゴミを放出する大量消費経済から、自然の〝循環〟システムへの悪影響を最小限にくいとめる〝循環〟型経済システムの形成に向かって、行政や市民が一体となって取り組むという姿勢が必要です。

これまでの企業は、自分たちの利益確保のためには、行政に積極的にはたらきかけることはありましたが、自分たちの利害を超えた、より大きな目的のために、行政や市民と一体となって努力するということには不熱心でした。「使命感の進化した企業」は、企業自身の利害を超えた〈いのち〉の価値に目覚めた企業であり、「使命度」の高い企業である、ということができます。「使命度」は、使命感の広さと深さ、及び五百年、千年先を見る時間の長さで評価することができます。二一世紀の企業にとって大切なのは知名度よりも「使命度」であると思います。

❖人間性の向上と共創型の組織

第四世代の企業に求められるのは「使命度」の高さですから、人材養成にも「広さ・深さ・長さ」の配慮が必要です。自分の企業に役立つ社員を養成するという考え方は視野が狭いので、二一世紀を創る企業とは言えません。広くて長い視野に立つならば、自分の企業ばかりでなく、地域のため、日本のため、地球の将来のために役立つ人材を養成するという考え方が必要になります。

そのためには「使命度の高い人材」を養成しなければなりません。企業の使命度が高ければ、その理念に共鳴する志の高い人材が自然に集まってくるはずです。そのような社員を、二一世紀を創る人材として養成するという基本理念が必要となります。そのような社員は単に一企業にとっての人材ではなく、国家や自然界にとって貴重な存在となり、さらに個人にとっても前述の自己実現の条件を満たした充実した人生を送れるはずです。「まわりのために」という自己実現の条件に「使命度」の高さが加わることによって、人間性の向上を期待することができます。従って、第四世代の企業の人材養成は必然的に社員の人格の向上につながります。バブルの崩壊は見かけは経済現象ですが、本質的には利益追求だけに目をうばわれた人間性の崩壊に起因しています。経済界における近年の相つぐ不祥事は、生きかたの価値基準をもたない経営の弱点を露呈していますから、人間性の向上を目ざす人材養成は、将来の日本経済にとって不可欠の重要課題と思われます。

高い使命感で生きている人は、「自分から」進んで、「まわりのために」なる行動をとることができます。状況に応じて自律的にこのような行動をとることができる人で構成された組織は、リーダーが管理統制をしなくても柔軟に目的を達成することができるはずです。実際、阪神大震災の折に集まったボランティア団体では、このような実例が数多く見られました。これが、私の提唱する「共創型」の組織です。企業においても、工夫次第では共創型の組織運営が可能と思われます。

教えない教育〈引き算〉発想の教育と文化

❖「原っぱ」と森は〈引き算〉の発想

昔は日本のあちこちに、空き地や「原っぱ」がありました。それは、子どもたちにとって無限の可能性をもった遊びの空間でした。おにごっこ、石けり、どろんこ遊び、ままごとなど、子どもたちは自由に空想の世界をつくりあげて、自分たちの遊びを創造しました。けれども、都会には、もう雑草の生えた「原っぱ」はほとんどなくなりました。公園には一様に芝生が植えられていて、「芝生に入ってはいけません」と書いた札があちこちに立てられています。

大量の除草剤を使った芝生の、見た目の美しさを大切にする画一的な公園のありかたには一考の余地があると思います。公園のなかにも、大人や子どもが自由に遊べる「原っぱ」や、鎮守の森のような自然林があってもよいはずです。雑草の生えた「原っぱ」の中で跳《と》んだり、はねたり、どろんこ遊びをする方が、子どもの創造力やイキイキとしたエネルギーを引きだすことができます。

「原っぱ」は子どもの〈いのち〉を活かし、自然林は生態系という〈いのち〉を活かします。どちらも、管理には手間がかかりません。従来の公園が、人工物の構築と管理という「〈足し算〉発想」にこだわっているのに対して、「原っぱ」と自然林は、人工的なものを作らない、人間がよけいな管理をしないという「〈引き算〉発想」への転換が要求されます。

〝対極価値〟のバランスという立場からみれば、公園のなかには〈足し算〉発想の部分と〈引き算〉発想の部分の両面があってもよいように思います。逆転の発想で、公園のなかに「原っぱ」を取り入れているのは、東京でいえば武蔵野中央公園、砧公園、小金井公園、水元公園などにみられます。お金と手間をかけた人工物がなければ遊ぶこともできなくなった子どもに、人間本来の野生的なチャレンジ精神をとりもどさせるためには、〈引き算〉発想の「原っぱ」や森が必要です。

❖〈引き算〉発想の効用

物質的な豊かさの追求という時代背景の中で、私たちはいつのまにか〈足し算〉の〝一方向性志向〟に慣れてしまったようです。多くの生活用品を所有すること、大量の知識を身につけること、テレビ、ラジオ、ヘッドホン、BGMなどによって人工情報を常にとり入れる生活――どれもが〈足し算〉発想でなりたっています。

〈足し算〉の文化に慣れてしまった私たちは、物や知識や音声がないと不安になります。

人工的な物や情報がないと不安になるのが現代人の一つの特徴です。

その結果、私たちは自分で考えることを忘れ、自分で生きかたを創造するバイタリティーを失ってしまいました。子どもは遊園地やテレビゲームで人工物に「遊ばされる」ことに慣れて遊びを創造することを忘れ、大人は教えられたノウハウにたより、マニュアルにしたがって行動することに慣れて、自分で新しい道を開拓する気力を失ってしまいました。子どもたちは遠足にテレビゲームを持参し、大人は手っとり早く役に立つ情報を手に入れることに心をうばわれています。

これまでの科学技術文明が〈足し算〉の文明であるとすれば、東の文明には〈引き算〉発想の伝統があります。瞑想や禅は、心の中にたまっている無用の情報の束縛から解放される手段であり、物質的な豊かさへの欲望にふりまわされる不自由に気づく訓練です。物や情報が多ければ、かえって〈心〉と〈からだ〉が不自由になり、〈いのち〉が活きないということを体験的に知っていたのです。

「色即是空」――これを現代流に解釈すると、物や情報が豊かになると人間は考える力を失い、積極的に人生を開拓するバイタリティーを失う――ということになりそうです。「空即是色」――逆に物や情報が不足すると、人間はみずから考え、自分の個性的な人生を切り開くバイタリティーをつかみとる――という教訓を得ることができます。

もちろん、現代に生きる私たちにとっては、ある程度の物や情報も必要です。〈引き算〉

だけにこだわるとインド的な「解脱」だけが目的になってしまいます。〝対極価値〟のバランス――これからは、〈足し算〉発想と〈引き算〉発想の両方をとり入れて、時と場合により、使いわけたり、組みあわせたりする知恵が必要と思われます。

❖〈足し算〉の教育・〈引き算〉の教育

教育についても同じことが言えます。故時実利彦教授は、「子育て人育てとは、抱きしめ、つき離し、共に歩むことだ」といっておられました。抱きしめは〈足し算〉発想で、行き過ぎると過保護になります。教育熱心の母親はこの傾向が強くなります。

つき放し過ぎは極端な〈引き算〉発想で、放任主義になり、これも問題を引きおこします。父親が放任主義で、子育てを母親に押しつけると子どもはうまく育ちません。父親は細かいことにはうるさく口を出さないけれども、必要なところで注意をしたり、はげましたり、叱ったりすることで、母親の「抱きしめ」行動とうまくバランスがとれます。父親も子どものきげんをとることばかりを考えていると、一方的な〈足し算〉教育になってしまいます。

今までの「教える」教育に対して、「教えすぎない」という〈引き算〉発想のバランスも必要です。春休みや夏休みに全国から子どもを集めて、「生き生き村」という生活体験の教育をしている門脇邦弘さんは、「教えすぎない」「与えすぎない」「失敗から学ばせる」

という基本方針にもとづいて子どもの教育を行っています。

キャンプでご飯を炊くときにも、米に対する水の量や火のたきかたなどを最初から教えません。最初は、やわらかすぎたり、固すぎたり、大失敗をしますが、自分で炊いたご飯ですから文句は言えません。二度、三度と失敗をするうちに、自分で工夫したり、教えあったりして、だんだんまともなご飯が炊けるようになります。

このようにして、子どもたちは「教えられない学習」を身につけていくのです。教えられた知識はすぐに忘れてしまいますが、失敗から学んだ知恵、体験から学んだ知恵は二度と忘れることはありません。

一方的に知識を伝達するという方法は、大量の知識を伝達するためには「効率」のよい方法です。それに対して失敗から学んだり、体験から学んだりする方法は効率はよくありません。けれども、この非効率的な方法が、たくましく生きる知恵を身につけるためには大切な方法なのです。効率は悪いのですが、体験から学び、学びかたそのものを学んだ人間は、生涯成長することができます。けれども、教えられた知識だけにたよっている人間は、自分で成長することのできない、機械の部品のような人間になりがちです。

❖未来の企業を支える人材

大量生産と大量消費の経済システムにもとづいた高度成長期には、大量の知識の伝達による画一的な人間の養成が、マニュアルにしたがって作業をする部品のような人間の供給に役立ちました。先にふれた「強い企業」をめざした時代には、そのような人間が戦力として十分役立ったのです。

ところが「賢い企業」にとっては、型にはまった知識だけを身につけている人間よりも、個性的で挑戦意欲があり、失敗から学ぶ人間が必要でした。ホンダの育ての親、故本田宗一郎氏は入社試験の際に、ビリも採用するように指示したそうです。入社試験のビリも大切な個性の一つと考えた本田氏の人間観が型にはまっていないところに、「賢い企業」を育てた秘密の鍵の一端が見えます。入社した若者に型にはまらないアイディアを自由に出させ、失敗や体験から学ばせることによって、ユニークな商品をつくり出しました。

第三世代の「志の高い企業」は、このような自立性と創造性に加えて、「何をしなければいけないか」という社会性を身につけた社員が必要となります。すなわち、個人としても、社員としても、広い視点に立った社会的な〈役割認識〉が必要となります。

第四世代の「使命度の高い企業」にとって必要なのは、人間を超えた視点をもち、近代工業化社会のなかの欠点を見きわめ、過去の失敗から学ぶことができる人です。少なくとも数百年先を考えて、地球と人類のためにどんな文明を創らなければならないか、を深く考えることのできる人材が求められます。

〈がまん〉の訓練・〈役立つ〉喜び　〈役割認識〉を育てる教育

❖「根・知・和」(コンチワ）の教育

二一世紀を創るのは「志の高い人間」「使命感の進化した人間」です。すなわち、個人・家族・企業・国家・人類といった枠組みを超えて、広い視野から自分の役割や使命を考えることのできる人、その〈役割認識〉を行動に移せる人が必要です。

すなわち、〈共創〉の必要性を感じて、行動に移せる人が、未来を創る人です。このような人は、〈役割認識〉を理屈で理解するのではなく、その必要性を自分の問題として受けとめる〈感性〉をもっています。

「感動」とは感じて動くことです。行動を生みだす原動力は、理性よりもむしろ〈感性〉です。そして、そのような〈感性〉と自発的な〈行動力〉は、子どものときから育てなければなりません。それは教科書から得られるものではなく、生活のなかの身近な体験から得られるものです。

先に御紹介した「生き生き村」の門脇さんは、「根・知・和」(コンチワ）という合い言葉を使って子どもの教育をします。「根」は根気で、困難にぶつかったときでも、めげない、タフでたくましい精神力を意味します。

クラス替えで仲の良い友人とわかれたことが原因で、登校拒否におちいった子どもの母親が、学校側の配慮が足りないことを非難するというような事件がありましたが、すべてをまわりのせいにしてしまう母親の態度自身が、困難に立ちむかう精神力を子どもからうばっていることに、母親は気がついていません。困難に直面したときに、自分で処理できるたくましさを育てることが、親の大切な役目なのです。豊かさに慣れすぎた現代の日本では、「かわいい子には旅をさせろ」という昔の諺《ことわざ》はすっかり忘れさられているようです。

「知」はあたえられた知識ではなく、体験から得られた知恵、工夫する知恵です。外から受け入れた知識は、「わかったつもり」の借りものにすぎません。現実の世界では、自分自身の能動的な知恵が必要です。子どものときから、生きるための知恵を育てる訓練をしておかないと、大人になっても教えられた知識だけでものごとを処理しようとする受動的な人間になってしまいます。

「和」は、「人はみな違う」ということを体験し、違う人間と「和」をたもつ訓練です。「和」というのは意見が一致することではありません。価値観・意見・立場の違う人びとと仲よく暮らす知恵が「和」です。子どもたちは「生き生き村」での共同生活のなかで、

〈がまん〉や〈役割認識〉、全体の「和」のための自発的行動を体験のなかから身につけていきます。

❖家庭のなかの〈役割認識〉

昔の大家族では、家族と仲よく暮らすこと自身が「和」の訓練になっていたのですが、現代のように子どもの数が少なく、核家族があたりまえになった時代では、なかなか「和」の訓練が身につきません。子どもは、ただひたすら、外からの知識を身につけることに追われて、家族の一員として生きるという〈感性〉、つまり連帯感を育てられていません。家族の一員、社会の一員としての役割分担を担うという生活習慣がうすれてしまったのです。

家庭という共同体のなかで、家族一人ひとりが家事を中心とする家庭内の労働に直接かかわることで、連帯性の自覚が生まれ、生活実感を養うことができます。家庭における家事労働に参加することで、子どもたちは自己をコントロールすることを学ぶのです。家族の一員としての役割をはたすためには、好き嫌いや自分の都合にかかわらず、やりとげなければなりません。また、家族の生活リズムにあわせて、時間のコントロールをしなければなりません。

家庭の仕事を一切させない母親、勉強という名の知識の習得を最優先させて、家族の生活を子どもに合わせてしまう母親、そんな母親の育てかたが、自己コントロール能力を身につけるチャンスを子どもから奪い、共同体の一員として生きる自立心を枯れさせてしまいます。

共同体の一員として生きる生活実感を失った子どもは、ただ何となく衝動的な好奇心や好き嫌いの感情だけをたよりに生きていく、ぼんやりとした生活を身につけていきます。登校拒否や非行などに走る子どもたちの生活には、それが極端な形であらわれています。

❖「見えない財産」が子どもの宝

家族の一員としての〈役割認識〉は、毎日毎日の小さな行動の積み重ねのなかで形成されていきます。玄関のはきものをきちんとそろえるとか、自分のふとんをきちんと片づけるといった日ごろの行動の積み重ねのなかで、連帯性の自覚が生まれます。このような自覚は、自分でも気がつかないうちに形成されることが多いので、無意識の世界に形成される〈気づき〉といってもよいかもしれません。

そのような財産は、子どもの一生を左右する「見えない財産」となり、大人になってからの社会的感性をも左右します。

子ども時代に形成される「見えない財産」の質と量は、親の価値観や生きかたで決まります。親の生きかたが、いい加減であったり、価値観がピントはずれであったりすると、子どもの「見えない財産」は貧しく、粗末なものとなります。子どもにあたえる財産を、学歴やお金だけで計ろうとしている親は、自分自身の生きかたをもう一度問い直してみる必要がありそうです。

親は子どもたちに、「生きる」とか「働く」ということの意味を言葉ではなく、体で示さなければなりません。母親が食事のあとかたづけをイヤイヤやっていれば、子どもも「あとかたづけはイヤな仕事なのだ」と思ってしまいます。

逆に、お母さんが楽しそうにお皿を洗っていれば、自分も手伝うのが楽しくなるはずです。両親が支えあって生きているのをみれば、子どもも自然に支えあうことの大切さを学びます。子どもは「生きる」とか「働く」ことの意味を教科書からではなく、体験から学ぶのです。

❖森と牧場のある学校

新潟県で長いあいだ小学校教育に献身してこられた山之内義一郎先生は、校長先生として最後の二年間をすごした小千谷《おぢや》市立小千谷小学校で一つの試みに挑戦されました。山之内先生は、長いあいだの教育生活のなかで、「学校は学ぶ喜びや自己発見の喜びを体験する場でなくてはならない」という信念を培《つちか》ってこられました。

自己発見とは、新たな自分の可能性に気づくこと、自分自身で見いだしたものに没頭することを意味します。私の考えている〈自己実現〉とくらべると、前者は「自分らしく」

生きる道の発見であり、後者は「自分から」進んで積極的に生きることに相当すると思います。

そして、この目的を達成する手段として、小千谷小学校に、子どもたちや父母とともに「森と牧場」をつくる試みを実践されたのです。植物と動物とのふれあいの中で、子どもたちの豊かな人間性を育《はぐく》み、「考えるだけでもわくわくするような楽しい場」をつくり出そうとされたのです。テレビやファミコンにふりまわされて、仲間と遊ぶことを忘れ、自然のすばらしさを発見する喜びを忘れた子どもたちに、人と自然のなかで生きる喜びをとりもどさせようとしたのです。

❖「ぼくの木、わたしの木」

小千谷小学校の校庭の片隅、幅四メートル、長さ三〇メートルの土地に、子どもたちの手で二九〇本の樹木が植えられました。この「教材樹林園」にはまだ小さな木が植えられているだけですが、そこには何十年、何百年先を考えた未来の教育環境をつくろうという意図がこめられています。

本当の「自然の森」をつくるためには、その土地の気候・風土にあった樹木を植えなければなりません。人間のつごうで好きな木を植えただけでは、「庭」はつくれても「森」にはなりません。小千谷小学校を中心に、半径一〇キロ四方の山野にみられるおもな植物群落のなかから、代表的な九六種類が選ばれました。

それらの樹木は高い木、低い木、灌木《かんぼく》などの配置も工夫され、一年の季節の移り変わりのなかで、新芽が出たり、花が咲いたり、実がなったり、紅葉したりする自然の移り変わりをよく観察できるように、緻密《ちみつ》な計画のもとに実行されました。

この「谷小《やしょう》ふるさとの森」を自分たちの手で育てていく中で、子どもたちは自然とふれあう喜び、学ぶ喜びをとりもどしていきました。

「お母さん、お母さん、わたしの木を見にきて！　芽がでたのよ！」

子どもは、息をきらして学校から帰ってくると、大声でお母さんに話しかけます。

子どもたちは、みんな「ぼくの木、わたしの木」をもっています。この子は、以前はいつ学校から帰ったのか、まるでわからないぐらい、ひっそりとしていたのに、「わたしの木」をもつようになってから、毎日、毎日「お母さん、お母さん」といって帰ってきます。そして、学校のできごとを、うれしそうに話すようになったのです。

秋の落ち葉の季節には、校庭に落ち葉が舞います。子どもたちは掃除で、校庭の落ち葉を集めますが、もうビニール袋に入れてゴミ箱に捨てるようなことはやりません。「落ち葉を森へ返そう」、自分たちの森に落ち葉をもどします。樹木とのふれあいの中で、〈いのち〉のつながりを〈感性〉でとらえ、育てる喜びを感じ、森のために自分を役立てる〈役割認識〉を体得し、〃循環〃という自然のしくみに協力する自発的行動を身につけていくのです。

愛や思いやりを教えるのではなくて、呼びおこすこと、それがこの小千谷小学校の教育です。私の提案する〈自己実現〉の第三の条件「まわりのために」がみごとにこの教育のなかに活かされています。ファミコンの遊びのなかから、このような〝〈いのち〉を育《はぐく》む感性〟は育ちません。

❖〈役立つ〉喜びを育てる教育

「まわりのために」という〈役割認識〉は、小千谷小学校の「なかよし牧場」のなかでも、イキイキと育っています。牧場には、うさぎ、やぎ、ひよこ、にわとりなどがいます。この牧場は、すべて先生と親の共同作業でつくられました。

子どもたちは、動物にふれ、抱き、語りかけ、世話をします。朝も、昼も、放課後も、動物たちのところにやってきて、抱いて話しかけます。子どもたちは、はじめは、にわとりやうさぎをこわがるばかりか、かわいいひよこでさえも「きたない、くさい」といって、さけていたのです。小鳥や小さい動物をいじめ、ザリガニが死んでも、何の感情も示さずに、平気でゴミ箱に捨てるような子どもたちだったのです。

機械に囲まれた文化のなかでは、〈思いやり〉の感性や、〈役立つ〉喜びが育ちにくいのです。ところが、小千谷小学校の子どもたちは、とり小屋の掃除を喜んでやるようになりました。「きたない、こわい」といっていた子どもたちが、「自分から」進んで、ふんの始末や小屋の掃除をするようになったのです。

小千谷小学校の実例は、知識の伝達とテスト中心の戦後の日本の教育が見失っていた、人間性を育てる教育の大切さを教えてくれているようです。

〈かけ算〉発想で〈いのち〉を活かす　ホリスティックな生命観

❖〈足し算〉では〈いのち〉は活かせない

人間は二本の足で歩いたり、走ったりすることができます。ところが、もし片足を失うと、移動の速さや移動可能な距離は激減します。一本足の機能はけっして二本足の半分になるわけではありません。片足を失うことによって、その機能は何十分の一、いや何百分の一にも低下します。逆に考えると、二本の足があれば一本の足の二倍をはるかに上まわる機能を発揮することができます。すなわち、左足の機能と右足の機能とを別々に測定して、それらの機能を足しあわせてみても、二本足の機能を説明することができないということがわかります。

この例のように、一つのシステムの部分的要素を個別に研究して、それらの性質を単純に足しあわせてみても、システム全体の性質を説明することができない場合に、「このシステムは非線形である」といいます。つまり、〈足し算〉で考えても支障のないシステムのことを「線形」と呼び、〈足し算〉発想の効かないシステムのことを「非線形」と呼ぶわけです。
〈開放系〉がつくり出す秩序――すなわち、〈いのち〉の〈はたらき〉は、本質的に非線形なのです。人間のさまざまの機能も、〈足し算〉のきかない非線形という特徴をもっていますから、いろいろな機能を総合的に発達させる、という考えかたが大切になります。教育を例にとると、さまざまの教科の内容をバラバラに教えても、「総合」にはなりません。それは、バラバラの知識の〈足し算〉で、統一がとれていないのです。

小千谷小学校のめざした教育は、〈足し算〉の教育でなく、〈心〉と〈からだ〉のさまざまな機能がつながり合って、それぞれの機能がおぎない合い、助けあって、全体的な人間性が発達することをめざした全人教育なのです。すなわち、全人教育とは〝〈足し算〉の教育〟ではなく、〝〈かけ算〉の教育〟なのです。

地域の自然と文化のなかから教材を探してくることによって、社会科、理科、算数などの内容が総合的に学習され、知識とともに、自分で考え、進んで勉強する態度を養い、友だちと力をあわせることの大切さを学び、郷土愛を身につけていくように指導します。

全人教育は子どもたちが主人公なのですが、子どものやりたいことを勝手にやらせるのではありません。子どもたちの全人的な発達に価値のある、魅力的で豊かな活動内容を意図的に取り入れるのが山之内先生のやりかたです。子どものやりたいようにやらせれば自主性が育つと、かん違いをして、子どもの好きなことだけをやらせている親は、この点を学ぶ必要がありそうです。

❖「ホリスティック」な発想への潮流

「全人的」「総合的」といった考えかたをあらわす言葉として、最近は「ホリスティック」という言葉がよく使われるようになりました。ホリスティック(holistic)という言葉は、ギリシア語のホロス(holos)を語源としており、全体という意味をもっています。

人体を機械のように考え、部品が壊れた機械の故障と同じように、病気を部分的な異常とみなすこれまでの西洋医学に対して、人間をもっと全人的・包括的な立場からとらえて、健康と病気の問題を考えようとするのが、「ホリスティック医学」です。

このような新しい医学の流れは少しずつ社会のなかに浸透しています。一九七八年にアメリカでホリスティック医学協会が発足し、日本ホリスティック医学協会は一九八七年九月に設立されました。

また、先に御紹介した山之内先生の活動は、ホリスティック教育研究会代表の手塚郁恵さんが、『森と牧場のある学校』(春秋社)という本にまとめておられます。

私自身も、日本ホリスティック医学協会の理事をしていましたが、「ホリスティック・ライフ・ネットワーク」という活動を一九九一年にはじめました。この場合の「ライフ」は、「生命・生活」を意味しています。

時代は〝〈足し算〉の文化〟から〝〈かけ算〉の文化〟へと少しずつ変化するきざしを見せています。

❖人間の〈いのち〉の開放系モデル

私は人間の〈いのち〉をホリスティックにとらえるために、一八一ページの図に示したような〈開放系〉モデルを考えています。円の中はひとりの人間の〈心〉と〈からだ〉のはたらき、円の外は〈環境〉を示しています。上半分は物質世界、下半分が心の世界です。さらに、〈からだ〉という物質世界のはたらきを左右に分けて示し、左側を「植物身」、右側を「動物身」と名づけました。

植物人間という言葉が示すように、人間は社会活動をしていなくても、とにかく生きていくことができます。日常生活のなかでは、寝ているときの機能にあたります。生物として生きていくことのできる最低限の機能は、自然界との〈つながり〉の中で保たれます。空気・水・食物などを通じて外界とつながっていることが〈いのち〉の鍵となります。〈からだ〉のなかの細胞もまた、血液を媒介として新陳代謝を行い、外界とつながっています。

この「植物身」の機能と密接につながっているのが、自分でもわからない〈心〉のはたらき、すなわち無意識のはたらきです。私たちの〈からだ〉は、自律神経、ホルモン分泌、免疫という三つの機能によって健康を保つようにつくられていますが、これらの機能を自働的に調節しているのが、無意識の大切な役目です。

右上の「動物身」は社会活動をする機能で、それを支えている〈環境〉は人間社会です。私たちの社会的な活動を支えているのは、理性や感情のように、自分で自覚できる〈心〉のはたらきで、それを表しているのが、右下の意識です。そして、意識の世界の〈環境〉となっているのが文化です。無意識の世界の〈環境〉を表しているのが超自然界で、気のはたらきや神仏の世界です。詳しい説明は省きますが、人間は空間的に離れていても、超自然界を通じて、無意識世界ではつながっているようです。無意識と超自然界のはたらきを含めて、私は「見えない世界」と呼んでいます。そして、人間は「見えない世界」を通じてやはりつながっているように思います。

各部分のあいだをつなぐ矢印は、物質やエネルギー、あるいは情報の出入りのバランスを示しています。すでに説明したように、これらのはたらきをむすびつける「物質・エネルギー・情報」の出入りのバランスが保たれなければ、秩序を維持することができません。

これらのさまざまな〈つながり〉のなかで変化をしながら、秩序をつくり出していくはたらきは、空間と時間の中でたえ間なく繰り返されていきます。たて軸の空間と、よこ軸の時間は、人間の〈いのち〉のはたらきが、空間と時間の中でうみ出される動的な秩序であることを示しています。

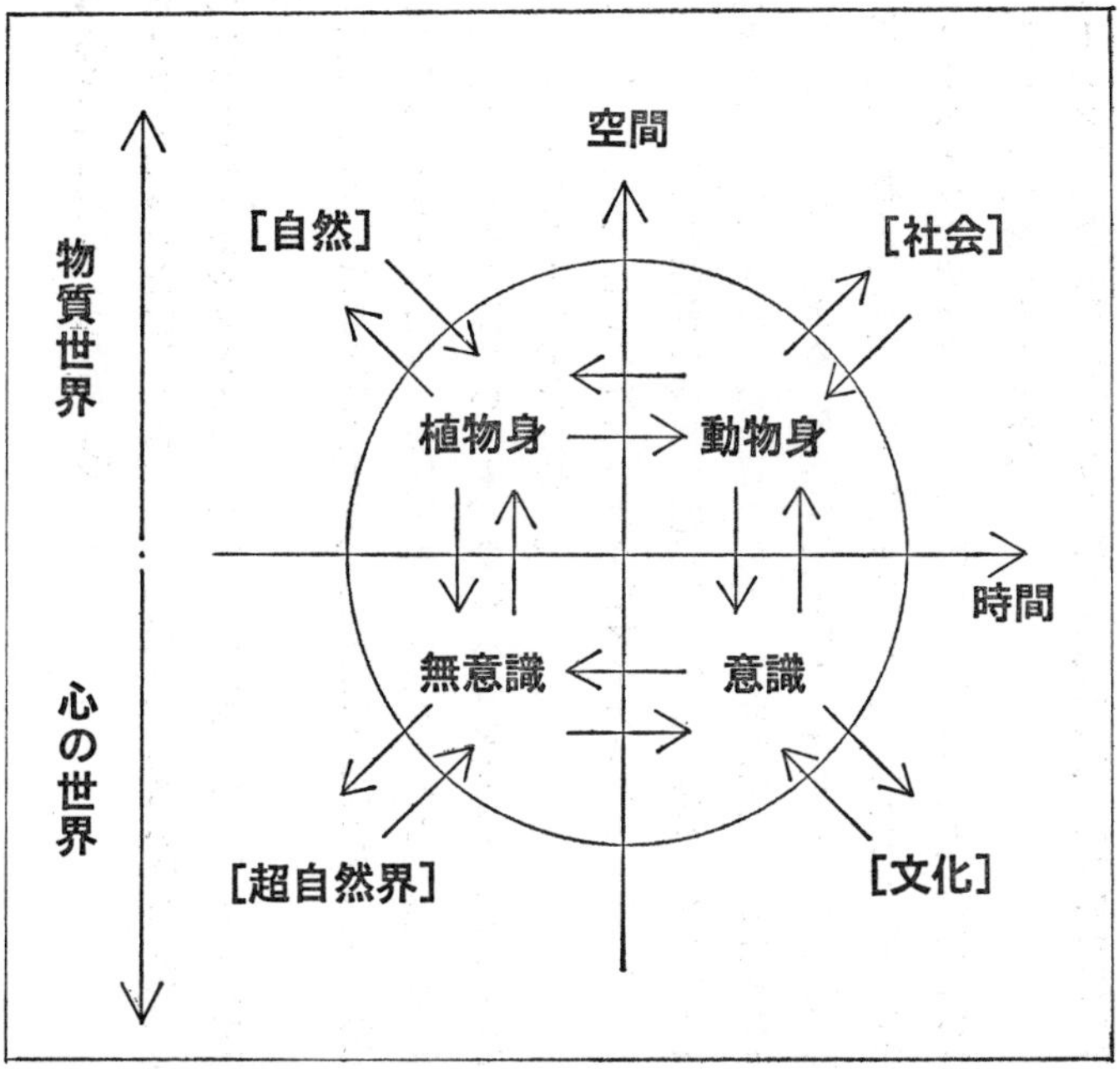

図6，人間の〈開放系〉モデル 2

図5（103頁）に示した「人間の〈開放系〉モデル 1」をさらに詳しく示したもの。時間・空間の中での心身の〈はたらき〉と〈つながり〉を示している。

◆心とからだの〈つながり〉

ホリスティックな立場から、健康や教育、あるいは生活を考えるということは、これらのつながりあったシステムの全体的なはたらきを視野に入れて考えるということを意味します。

健康を例にとって考えてみると、〈からだ〉のはたらきと〈心〉のはたらきを別々に考えるのは、ホリスティックな健康観にはなりません。栄養や運動のように〈からだ〉の問題にばかり注意をむけていても、〈心〉のコントロールをおろそかにしては、本当に健康な生活をおくることはできません。

心配や、怒り、悲しみなどのようなマイナスの感情は、無意識の世界に情報として入り、無意識はそれぞれの情報に応じて、生理的なバランスをくずすように機能します。

たとえば、心理的な影響が胃の消化に大きな影響をあたえるという事実の興味深い実例が、NHK取材班による『驚異の小宇宙・人体3―消化吸収の妙～胃・腸』（日本放送出版協会）に紹介されています。独立戦争たけなわの一七七九年、カナダ国境にほど近い小さな島、ノース・マキナック島で、猟師の猟銃が暴発し、付近にいたカナダ人の猟師マーチンの左腹に銃弾が命中しました。

マーチンは奇跡的に命をとりとめたのですが、傷ついた胃の端と肋間筋《ろっかんきん》のあいだが癒着し、胃の内部を外からのぞけるような穴があいてしまったのです。事故から三年後、アメリカの軍医バーモントは、マーチンの承諾を得て、胃の内部の克明な観察をはじめました。

彼は、胃液は食物のない胃のなかでは存在しないこと、水や液体は胃にとどまらず、すみやかに胃を通過することなど、多くの貴重な発見をしました。なかでも興味深いのは心理的な影響です。マーチンが怒りだすと、胃はみるみる青ざめ、食べた肉はきげんがよい時にくらべ、二倍も長く胃のなかにとどまっていました。

胃腸は独立した生き物のように自働的にはたらく、という側面をもっていますが、同時に、脳につながっている自律神経の支配をも受けます。大都市のサラリーマンの胃かい瘍も、仕事上の過度のストレスが原因となっている場合が少なくありません。

胃のはたらきと〈心〉のはたらきはつながっていますから、栄養に気をつかっているだけでは健康はたもてません。〈心〉のはたらきと〈からだ〉のはたらきは、それぞれおぎない合って、健康という秩序を維持することができます。このようなはたらきを、私は「補完」と呼んでいます。このように、おたがいにおぎない合うはたらきを、一般には相乗効果と呼んでいます。相乗効果は生命の「非線形性」、つまり〈かけ算〉の効果を示しています。

❖まわりが生きれば〈からだ〉も生きる

前にもふれたように、〈心〉のはたらきは免疫とも密接なつながりをもっていますし、ホルモンにも大きな影響をおよぼします。結局、自律神経、ホルモン分泌、免疫という三つの機能をコントロールしている無意識は、感情などの意識のはたらきの間をとりもって、〈からだ〉のはたらきを左右することになります。

ですから、〈からだ〉の健康をたもつためには、〈心〉の健康にも注意を向けなければなりません。〈心〉の健康は生きかたの問題となり、生きかたは私たちの価値観と結びついていますから、健康問題は価値観の問題とつながってきます。そして、人びとの価値観が文化的環境に左右されることはすでに指摘したとおりです。

興味深いことは、人と人とのあいだに「和」をつくり出すような〈心〉の状態は、〈からだ〉の生理反応をよい方向に導くということです。たとえば、いつもニコニコしている人は、人から好かれ、他人とよい関係をたもつことができます。そのようなおだやかな〈心〉の状態は体内の生理機能をもよい方向にむかわせます。毛細血管が開いて血循がよくなり、体内のさまざまのバランスがよくなります。

楽しい心、明るい心、明るい笑いは、人と人との関係をよくし、生理機能を高めます。すなわち、〈からだ〉の外に対しても、内に対しても秩序をつくり出すはたらきがあります。逆に腹を立てると、人と人との関係にひびが入り、体内の生理的バランスもくずれます。〝〈いのち〉を活かす生きかた〟は、〈からだ〉の外に対しても、内に対しても、同じように通用する原則なのです。

❖補完効果を活かすことが健康のポイント

〈心〉と〈からだ〉は、健康を考えるうえで大切な補完的なはたらきをもっていますが、〈からだ〉だけの問題にかぎって考えても、いろいろな補完的なはたらきがあります。たとえば、血液をきれいにすることと、血液の流れをよくすること、すなわち血質と血循は補完的な関係になっています。血質に大きな影響をあたえるのは呼吸と食物および水で、血循を左右するのは姿勢と運動です。

いくら栄養のあるものを食べても、運動不足で血循が悪くては健康をたもつことはできません。現代の日本は飽食の時代で、食物は豊富なのですが、便利な生活に慣れて、からだを動かすことが少なくなったことが成人病の一つの原因となっています。

また、いくら運動をしても、からだの使いかたがアンバランスだったり、からだがかたくて、まがるべきところがまがらなかったり、姿勢が悪くて、血管や神経を無理に圧迫した状態が続くと、やがて関連する臓器に異常が表れてきます。

また、栄養に気をつけている人でも、呼吸に無関心な人も少なくありません。呼吸は食物以上に血質に影響をあたえます。呼吸は自律神経によって自働的に行われる機能であると同時に、深呼吸のように意識によるコントロールもできます。そのため、呼吸のコントロールを訓練すると、無意識を媒介として、意識のコントロールもできるようになります。東洋の各種の修行法のなかで呼吸が重視されたのも、〈心〉と〈からだ〉の両面にはたらく補完的な効果を体験的に知っていたためと思われます。

❖〈いのち〉を活かす「全体食」

食物に含まれる種々の栄養素も、いろいろな形で相補的なはたらきをもっていますが、人間はそのようなはたらきのごくごく一部分しか知りません。しかし、生物はそのようなはたらきの理屈を知らなくても、自然のしくみのなかで必要なバランスをたもって生きています。

ですから、食物のもっとも自然なとりかたは、植物や動物をできるだけ、丸ごと食べることが望ましいのです。お米でも、白米よりは、玄米に近い形で食べる方が、自然な形でバランスのとれた食事になります。切り身の魚よりは全体を食べられる小さな魚の方がよいのも同じことです。このような食物のとりかたを「一物全体食」といいます。昔の人は、体験から、ホリスティックな考えかたの大切さを知っていたようです。

〈いのち〉を活かす、という視点から見た健康管理については、『自然に学ぶ生活の知恵』(日本教文社)で詳しい解説をしています。

第五部

〈つながり〉を活かす〈共創〉の文化

トンボの王国・桶ケ谷沼

豊葦原《とよあしはらの》 瑞穂国《みずほのくに》、豊秋津《とよあきつ》島《しま》
それは古事記にみられる日本国の美称
秋津は蜻蛉《とんぼ》の古称
葦《あし》が豊かで、トンボの群れがとびかう古事記の世界
それがこつ然と目の前に現れた。
静岡県磐田市桶ケ谷沼
タイムスリップを思わせる葦とトンボの秘境。

国道一号線から離れること、わずか百メートル
周囲の工場群とは対照的な緑の森
うっそうと茂る照葉樹林に囲まれて
桶ケ谷沼はひっそりと身を隠していた。

蝶のようなチョウトンボ
絹糸のようなキイトトンボ
大柄で色あざやかなアオヤンマ。

桶ケ谷沼のトンボは六三種
単一の池沼としては日本一の種類を誇る。
植物は四百種を超え
昆虫、野鳥、魚、カエルなどの動物が約七百種
生きものたちの楽園
古代からつづく「いのち」。
「開発」の荒波のはざまで
「いのち」はひっそりと息づいていた。

◈対決のテーブルから協調のテーブルへ

平成四年六月六日、国際ソロプチミストの集会で講演をするために磐田市を訪れた私は、磐田市役所、市民安全課課長の磯部健雄さんに案内されて、桶ケ谷沼をはじめて訪れました。磯部さんは、開発攻勢の嵐のなかで消滅の危機にさらされていた「トンボの王国」

を守った立て役者のひとりです。

桶ヶ谷沼を案内してくれた磯部さんの目は少年のようにイキイキと輝いていました。けれども、ここまでくるための道のりはけっして平坦ではなかったようです。

桶ヶ谷沼、および周辺の土地はすべて民有地で、地権者は一二〇人にものぼります。昭和四〇年代に、不動産業者が沼を埋め立てるという計画に端を発し、土砂採取問題などで開発側の企業・地権者、開発に反対する自然保護団体、あいだに入った行政の三者が相互不信になるという状況が昭和五〇年代終わりまで続きました。

このような状況のなかで、昭和六一年に「桶ヶ谷沼を考える会」を発足させる仕掛け人となったのが磯部さんです。

「自分らのふるさとに、全国に誇れるよいものがあるなら、それを伸ばしていこうじゃないか。

東京のマネをしないで、田舎は田舎の素晴らしさを再発見しよう。

賛成してくれる人はだれでも、トンボと一緒に、この指とまれ。

そんな発想でした」

と磯部さんは述懐します。

〝東京のマネをしない〟というのは、「自分らしく」という〈自己実現〉の原則と同じ考えかたです。そして磯部さん自身が、「まわりのために」、「自分から」進んで行動をおこしたのです。

「考える会」の会長の今村信大会長は、「〝守る会〟でなく、〝考える会〟としたのも、対立よりも調和を考えたから」と、慎重な姿勢でとり組みました。

対決ではなく、「和」の思想で――イソップ物語の北風と太陽の「太陽」理論で、というのが、磯部さんたちの考えかたでした。

これはすばらしいやりかたです。自然保護運動や平和運動は、目的はよいのですが、とかく対決の姿勢にこだわりがちです。立場や主張のちがいにとらわれると対決のみぞが深まり、戦う姿勢となってしまいます。対決から秩序をうみ出すことは困難です。これまでの「強い国家」「強い企業」「強い労働組合」の時代には、対決と争いによって、力の強い者が、目的を達しました。

けれども、〈いのち〉に学ぶならば、立場や利害を超えて、何か共通の目的をさがし、より大きな秩序形成のために、おたがいに役立つ方法を見つけることができるはずです。「桶ケ谷沼を考える会」の共通の目的となったのが、「日本一のまちづくり」です。自然保護団体の対決的な運動も、この目的に沿って、協調的な運動へと脱皮をする一つの手がかりをつかんだと思われます。地権者、自然保護団体、行政、それに日本青年会議所（磐田JC）を加えて、角ばった対決のテーブルを、協調にむかった丸みのあるテーブルにしようと発足したのが、「考える会」でした。

このような官民一体となった運動は、静岡県知事をも動かすところまで発展し、平成元年度には約二〇億円の予算が計上され、桶ケ谷沼とその周辺地域六〇ヘクタールの用地買収をすませたうえ、自然環境の保全整備に着手、一九九三年までに整備を終える計画ができました。

❖〈開かれたネットワーク〉がつくる〈共創社会〉

「トンボの王国」の歴史は、私たちに多くの教訓をあたえてくれます。

その一つは、〝〈いのち〉を活かす文化の創造〟は、利害や立場、あるいは目的の異なる個人や団体が、より大きな秩序形成に役立つ共通の目的を発見し、新しい協調関係を形成することによってはじめて可能になる、ということです。このような協調関係を、私は〈開かれたネットワーク〉と呼んでいます。それは〈共創社会〉の具体的な姿です。

これまでの組織は、行政も企業も労働組合も、自分たちの固有の目的を遂行することだけに目をうばわれて、なるべく他のことには、口だししない、手を出さない、という「閉じた組織」になりがちでした。しかし、新しい文明をつくるためには、組織固有の目的を超えて、より大きな目的のためにほかと協調する〈開かれたネットワーク〉の活動が不可欠です。

個人も同じことです。自分の職業上の役割をなるべく無難に、こじんまりとこなす自己保身的な生きかたを超えて、より大きな目的のために、別世界の人びとと手をむすぶ積極性・柔軟性・行動力のある〈開いた生きかた〉をする個人が求められています。

もし磯部さんが、〈閉じた生きかた〉をしていたら、今日の「トンボの王国」はなかったかもしれません。また、たとえ磯部さんひとりが努力をしても、多くの人びとの協力がなければ「豊秋津島蜻蛉国《とんぼのくに》」は、まぼろしの国となったにちがいありません。

〈開いた生きかた〉というのは、自分の利害を超えた大きな目的のために人と人との新しい〈つながり〉を創り出す生きかたを意味します。前に述べたように、〈いのち〉を活かす生きかたは、〈つながり〉を大切にする生きかたを意味しますが、自分の利益を求める〈つながり〉ではなく、自分の利害を超えた目的のために人と人とがつながる時に、新しい〈共創〉の秩序が生まれることになります。

無から有を生じた大正村

❖大正村の一日ボランティア

「町おこしに〝磨き〟大正村で三百人清掃奉仕」(岐阜新聞)
「ボランティア集まり大正村はピカピカに明智町で清掃に汗」(朝日新聞)
こんな記事が新聞の社会面に掲載されたのが、平成四年一一月二三日。朝日新聞にはつぎのように書かれています。

恵那郡明智町の日本大正村で二十二日、「一日ボランティアの集い」があった。大正村は老人クラブや婦人会、有志たちのボランティア活動で運営され、ユニークな地域おこし運動として注目されている。ボランティア同士が交流を深め、輪を広げようという趣旨で初めての試み。

東濃地方の若手経営者らで結成している「二十一世紀クラブ」会員をはじめ、愛知県や三重県からも参加があり、地元のスポーツ少年団や明智小六年の親子らと合わせ総勢約四百人。

四つのグループに分かれ、大正村資料館や村役場のぞうきんがけやガラスふき、駐車場や散策道のごみ拾いや落ち葉拾い、公衆トイレの清掃などに汗を流して、大正村をピカピカにした。……

この新聞記事をお読みになると、「一日ボランティアの集い」が、明智町という限られた地域内の有志によるボランティア活動ではなく、地域を超え、世代を超え、民間と役場が一体となって活動の輪を広げる〈開かれたネットワーク〉活動という性格をもっていることに気づかれるはずです。

実は、私自身も、この「集い」に参加しておりますし、あとで述べるように「二十一世紀クラブ」とも深い関わりをもっております。

ここで、記事の舞台となった大正村について簡単に説明をしておくことにします。

❖「ここには、なんにもございません」

明智町は岐阜県恵那市から明知鉄道で五〇分、人口八千人に満たない過疎の町でした。昭和五八年、いのち綱ともいえる明知線の存廃問題の大づめを迎えて、町はゆれていました。明知線が廃止になれば、人口がさらに減ることは必至とみられていたからです。主産業の一つ、林業と製材業は不振のどん底でした。

八方ふさがりの中で、住民が求めた活路が「大正村」でした。明治村のように、特別な建物が何一つない明智町に、「看板を立てれば人は集まる」という大胆な構想をふきこんだのは、木曽の風物を撮り続ける長野県出身の沢田正春さん。この構想に共鳴し、冷笑する町の有力者を説得して、実現にまでこぎつける原動力となったのが、町の名望家橋本満資さん。

昭和五九年五月六日に、「日本大正村」の立村式が行われました。旧町役場に設けられた「日本大正村役場」の職員はみなボランティア。看板だけがあって、あとは何もない大正村。訪れた観光客にむかって、「案内人」が開口一番、「ここには、なんにもございません」と告白するような苦しいスタートでした。

けれども、やがて全国から助っ人が現れるようになりました。大正時代の蓄音器や電話機、ラジオなどを無料で貸しだしてくれた豊田市の永田和之さん。伊藤博文や徳富蘇峰などのかけ軸などを貸しだしてくれた木曽郡楢川村の手塚万右衛門さんなどの好意による貴重な品々が「資料館」に集まるようになったのです。

こうして、住民主導の町づくりは、人をうごかし、町をうごかし、国をうごかすようになりました。昭和六〇年度からはじまった自治省の町づくり特別対策費で町なみの整備も進むようになりました。駅前のトイレはまっ先に改築され、ステンドグラスばりの清潔な建物になりました。

私がはじめて「日本大正村」を訪れたのは、平成四年五月でした。案内をしてくださったのは「二十一世紀クラブ」のメンバーのひとりであり、明智町でパソコン関係のお仕事をしておられる橋本典明さん。ご高齢のボランティアが多い大正村の「役員」に、若い世代の感覚を導入しながら、町づくりに情熱をもやしている方です。企画、運営は住民がやり、施設整備は町が受けもつという、〈開かれたネットワーク〉の町づくりに感銘を受けて、私も「村民登録」をしました。

❖「目覚めて行動する市民」が歴史を変える

ここには、前にふれた磐田市とは異なった町づくりが見られます。明知線を残すことがきっかけとなってはじめられた地域おこし運動ですが、守るべき「大正村」の財産は何もなく、あったのは住民の熱意だけです。資料も資産もなくて、「共通の目的」だけがあったのです。

その熱い思いが、日本中に散らばっていた大正の文化的遺産を「大正村」に集めはじめたのです。共通の目的と熱意が人とものの〈つながり〉を産んだことになります。

京都市の「カフェ天久」が閉店したのは、昭和六一年一〇月。女主人の土居久子さんは、大正一二年の開店からひき継いできた店内の調度品、家具一切と数百枚のレコードを大正村に寄贈しました。大正村には、このような寄贈品がぞくぞく集まるようになり、大正村という町おこし運動は、期せずして大正文化の保存運動という性格をおびてくるようになったのです。

日本大正村をつくり出した主役は一般市民です。明知線の存続という一つのピンチが、一部の住民の方々の情熱を呼びおこし、協力の輪を広げることにつながりました。〝〈いのち〉を活かす文化〟を創るのは、ひとにぎりの知識人や、ましてやひとりのヒーローではありません。

これからの新しい文明を創るのは、「目覚めた市民」「行動する市民」です。ベルリンの壁を崩壊させたのは特定のリーダーではありません。市民の自由を求める熱意が歴史を変える見えない奔流《ほんりゆう》となって、ベルリンの〝固い壁〟をくずしたのです。

それは、ヒーローのいない秩序形成とでもいうべき、歴史の動きです。第二次大戦後、日本にはとくに強力なリーダーや、ヒーローはいませんでした。けれども、だれもが「豊かな社会」を求めて一生懸命に働きました。「豊かな社会」という共通目的、それが日本のGNPを押しあげる原動力になったのです。

いろいろな立場のちがいがあっても、共通の目的へむかって行動をおこすことが、秩序形成のポイントです。人体を作る六〇兆個の細胞は、それぞれがかなり独立した生命体であるにもかかわらず、個体の生命を守るという、より大きな目的のためにみごとな協力体制を維持しています。

私たち市民の一人ひとりもまた、人体の細胞を見習って、自分の立場を超えた目的のために、自分を活かす「目覚めた市民」となることが、〝〈いのち〉を活かす文化〟を創る鍵となります。これからの新しい時代を創る主役は一般市民だと思います。二一世紀を創る主役は、スターやタレントのように、脚光をあびる場所にはいません。ふだんの生活のなかで、地道に協力の輪を広げることのできる〈開いた意識〉をもつ人びとこそが〈共創社会〉を創る活力をうみ出します。

〈役立つ〉喜びと柔かい組織

❖二十一世紀クラブの地域活性化運動

前節冒頭の新聞記事のなかにでてくる「二十一世紀クラブ」は、恵那地域での若手経営者が中心となって、平成四年の春に発足しました。自分たちがお金を出して基金をつくり、会員みずからがさがしてくる講師を招いて、地域住民のために無料の講演会を開いたり、それぞれの特技やもち味を活かして独自の催しを開くなど、みずから進んで地域の活性化に役立つことを目的としています。

初年度には、講演会の他に、子育てまっさかりの母親を元気づけるコンサート、世界の石を展示した恵那郡蛭川《ひるかわ》村の「博石館」でのはがき供養祭など、地域に役立つユニークな活動を行ってきました。

「森と牧場のある学校」を育てられた山之内義一郎先生も講師として恵那に招かれ、恵那にも「森と牧場のある学校」をつくろうという計画がすすめられるようになりました。

二十一世紀クラブと山之内先生との出会いのきっかけとなったのは、平成三年に私が中心になって始めたホリステック・ライフ・ネットワーク主催のイベントでした。平成四年三月のこのイベントで「いのちを育《はぐく》む教育、いのちを活かす教育」というシンポジウムが行われ、山之内先生もパネラーとして出席されたのです。

この会場で新教育振興会の活動紹介をされたのが、代表の浦崎太郎先生です。浦崎先生は映画「青い山脈」の舞台として校舎が使われたことのある恵那高校の先生でしたが、このイベントの後に作られた二十一世紀クラブのメンバーです。

このときの出会いがもとになって、新潟で育てられた〝〈いのち〉を活かす教育〟は、恵那の地で新しい〈いのち〉の輪を広げることになりました。〈いのち〉の輪は、〈力づく〉で広げるのではなく、自然に広がるのが理想なのです。

二十一世紀クラブの活動はまったく自主的に計画され、運営されます。この会には特別な役職はありません。必要に応じ、場合に応じて、それぞれが役割を分担します。

❖柔かい組織・硬い組織

このような組織を私は「柔かい組織」と呼んでいます。これまでの組織には、さまざまの固定された役職があり、その役職についた人はその役職で定められた仕事だけを遂行するようになっています。このような組織を、私は「硬い組織」と呼んでいます。

「硬い組織」というのは組織構造と役割が固定していることを意味しています。すなわち、先に組織構造があり、人間がその構造にあてはめられるという形をとります。

構造を先に考える、という組織のつくりかたは、物質の構造を土台にして物質の性質を考えるという近代物理学の研究方法とよく似ています。第三部で説明したように、これまでの科学は〈閉鎖系〉的な自然観を土台としていますが、〈閉鎖系〉のなかでは比較的安定した構造がみられるために、構造から機能へという研究方法が適しています。面白いことに、組織のなかの都合を優先して考える閉鎖的な組織では、組織の内部構造を先に考えることが常識となっています。

ところが、外部との〈つながり〉を重視する二十一世紀クラブのような活動では、あまり組織構造を固定しない方が仕事をやりやすい場合が少なくありません。

たとえば、外部の講師を招く場合に、その講師をよく知っている人がその講演会の世話役になった方がやりやすいとか、講師の都合に合わせて日時を決定した場合、その日に都合のつく人が運営の責任をとるというようなやりかたで臨機応変に対処することができます。

このような「柔かい組織」がうまく機能するためには、組織の構成員が仕事を自発的に、喜んでひきうける姿勢をもっていることが必要です。二十一世紀クラブが「柔かい組織」としてうまく機能しているのは、必要な仕事を自発的に、喜んでひきうけるという姿勢がメンバーのなかに浸透しているためと思われます。そして、それを支えているのが使命感であり、〈役立つ〉喜びなのです。

この点が、仕事を義務として考える企業のような組織と本質的に異なるところです。権利と義務という関係にもとづいた「硬い組織」では、細かな組織構造をきめても、「きめられた仕事以外はやらない」という閉鎖的な考えのメンバーが中心となっている場合には、役割分担の垣根がじゃまをして、仕事の柔軟性が失われる場合が少なくありません。

これに対して、他との〈つながり〉を大切にする〈開いた意識〉の人びとが中心となる組織では、仕事のあいだに垣根をつくらないので、柔軟な対応が可能になるはずです。すなわち、このような組織では、組織内部の役職的な構造よりも、「何をしなければならないか」という〈役割認識〉的な機能を優先して考えることになります。

外との〈つながり〉を重視する〈開放系〉的な組織は、構造よりも機能を重視する方が活動がやりやすいという点は、静的な構造をもたない〈開放系〉を研究するためには機能を中心とする考えかたの方が適しているのとよく似ています。

❖郷土愛で動くメンバー

二十一世紀クラブのメンバーは、明るく、積極的で郷土愛が強いのが一つの特色です。世界の石と鉱物を集めた「博石館」をつくって、恵那郡蛭川《ひるかわ》村を一躍全国的に有名にした、博石館館長の岩本哲臣さんをかりたてているのも、石文化にかける情熱と村への愛着です。

岩本さんは画家志望から、一転石材会社の三代目の経営者になった方ですが、古くさい石屋さんのイメージを一変させて、二万平方メートルの敷地に、石を素材に使った野外音楽堂、実際のピラミッドを一〇分の一に縮尺した日本最大のピラミッド、石の博物館などをつくりました。蛭川村は、みかげ石をはじめとして、約一三〇種の鉱物の産地なので、その特色を活かして、村おこしに役立てようという意図もこめられています。

「好きな村がもっとよくなって、他からうらやましがられるようになってほしいと思うと体が動いてしまいます」

と岩本さんはいいます。

「自分らしく」喜べる仕事を、「自分から」進んでやることが、結局は「まわりのために」なればいい、という自然体が岩本さんの身上なのですが、「村が好きだから……」という素朴な村への愛着心が人の心をうごかし、人の「和」をつくり出す推進力となっているのを見落とすことはできません。

二十一世紀クラブ結成の仕掛人となった田中義人さんも、奉仕精神が身についた行動派の社長さんです。田中さんは、山之内先生の活動をまとめた『森と牧場のある学校』(春秋社)を、恵那市立大井第二小学校のPTA会長をしている木藤修さんに紹介し、平成四年五月半ばに木藤さんと共に、新潟県長岡市にある山之内先生の御自宅を訪れました。平成四年三月に行われたイベントからわずか二ヵ月後のできごとですから、その迅速な行動力には目をみはるものがあります。

　小千谷小学校の「ふるさとの森」の見学の後、六月には恵那市のＰＴＡ連合会の協力のもとに山之内先生の講演会が開かれ、九月には大井第二小学校に「ふるさとの森」の造成工事がはじまりました。これはＰＴＡ中心の活動として推進されましたが、その中心的役割をはたした木藤さんも二十一世紀クラブのメンバーで、本職は中部建設会社の社長さんです。「ＰＴＡ活動は、創る喜びと発見する喜び」という木藤さんは、山之内先生の教育理念をみごとにＰＴＡ活動に活かしたのです。

　東海神栄電子工業の社長さんである田中義人さんは、奥様と共にこのような地域活性化運動の火つけ役として大きな役割を果たしています。大正村の「一日ボランティアの集い」の企画・実行でも大正村の橋本典明さんと共に中心的な役割を果たしました。

経営に活かす「道」の精神

❖「凡事徹底」のトイレ掃除

平成四年五月二六日午前六時、東京都大田区にある㈱イエローハット本社のトイレ掃除が開始されました。指揮をとるのは鍵山秀三郎社長(現在は相談役)。早朝に出社した社員といっしょにトイレ掃除に参加したのは、二十一世紀クラブの有志と私でした。

私たちは、トイレ掃除の実習をするために前日からイエローハット本社に泊まっていたのです。イエローハットは、自動車用品販売の大手会社です。鍵山社長は創立以来三〇年以上にわたって、毎朝本社のトイレ掃除を実行されてきた、物腰の柔らかい、謙虚な方です。

「世の中に雑事はない。雑にやるから雑事なのです」とおっしゃる「凡事徹底」を信条とする鍵山社長の人生観が、率先してトイレ掃除をされる生きかたとなって具体化しています。

トイレ掃除用のホースをとりつける蛇口の位置から、ぞうきんのしぼり方にいたるまで、実践にうらづけられた細かな工夫がなされているのには感心させられました。トイレの掃除が終わると、前日の仕事で使われたダンボールの空箱や使用ずみの紙を、数種類に分類整理します。ジュースなどの空き缶も、アルミ缶と鉄缶に分けられ、中を水で洗ってから、平らにつぶし、パックされます。

社内の清掃が終わると、会社の付近の街路の清掃をします。道ばたにあるたばこの吸いがら入れの中まできれいにするという徹底ぶりです。会社の敷地沿いばかりでなく、もっと広い範囲にわたって街路清掃が行われるのですから、会社中心の立場に立った清掃でないことは明らかです。

この早朝清掃のなかに、「まわりのために」心をこめて仕事をするという鍵山社長の人生観がよく表れています。「まわりのために」といっても、けっして人間だけに焦点をあてているわけではありません。ジュースの空き缶を洗ったり、トイレの掃除をしたりする場合にも、できるだけ水を節約して使うように工夫されていますし、洗剤の選択にも細かな気配りがなされています。すなわち、自然界に対しても深い思いやりがこめられているのです。鍵山社長の生きかたは、神渡良平氏の『立命の研究』(致知出版社)の中で紹介されています。

鍵山社長の清掃のやりかたの中に、私がめざす〈ホリスティック・ライフ〉の一つの実例を見る思いで、多くのことを学ばせていただきました。視野は広く、長く、多面的に。

行動は地味に、着実に……。これがホリスティック・ライフの基本と私は考えています。ホリスティック・ライフを具体的にどのような形で実践するかは、人それぞれのライフスタイルによって異なりますが、鍵山社長の場合は、整理整頓ややトイレ掃除という「凡事徹底」の実践の中に、〈いのち〉を活かすホリスティック・ライフと共通する実践哲学を肌で感じることができました。

鍵山社長のトイレ掃除の実践の中に、日本の伝統的な人材養成の「道」の精神を見ることができます。日本の伝統文化を支えてきた「道」の本質は心技体の一致であると思います。自分の体を使ってトイレ掃除をする時に、掃除という技に心をこめることによって心が磨かれ、人間性が向上します。過去の日本人の修行が雑巾がけから始まったのは、ものや技に心をこめる訓練という意味があったと思われます。心をこめることによって、ものが活き、技が活き、人が活きます。日本人の人間性を支えてきた「道」の精神は、「活」の思想と深く結びついています。

❖「道」の実践による心のリストラ

明治時代まで、日本人の人間性を支えていたのは「道」の精神でした。人間の生きかたとしての武士道はよく知られていますが、「道」の精神は江戸時代の町人にも浸透していました。例えば、「商人道」という言葉があり、「商法の真髄は正直にあり」というような生きかたが重視されていました。ここには、経済的な損得を超えた厳しい生きかたを見ることができます。

数十年前の敗戦によって、日本人は生きかたの支柱としての「道」の精神を失いました。それが現代の社会的混乱の背景として日本の将来に暗い影を落としています。チベット文化研究所所長のペマ・ギャルポ氏は、親日家として有名ですが、「戦前の日本人は、世界でも稀《まれ》な誠実な民族だったけれども、現在の日本人にはそれが失われた」と警告を発しておられます。

生きかたとしての「道」は、行動を通して体得しなければ身につきません。戦後の教育は知識の吸収だけの理性の教育となり、企業経営も効率や収益重視の合理化だけに目をうばわれるようになっています。現在の経済的混乱の中でリストラが行われていますが、リストラとは、もの・金・仕組みの合理化を意味しています。

日本経済の再生のためには、もの・金・仕組みの合理化ばかりでなく、「心のリストラ」が不可欠です。そして、日本人の心のリストラには、行動すなわち体を通して心を磨く「道」の伝統を活かすことが最も適していると思われます。

❖行動のリストラが企業を変える

二十一世紀クラブの世話役をしている田中義人氏は、プリント配線基板の設計・製造を手がける東海神栄電子工業の社長ですが、鍵山社長のトイレ掃除に感銘を受けて自分も実践に取り組み、生きかたも会社経営も大きな変革を遂げられた方です。田中社長は以前は難しい企業理念をつくり、唱和していましたが、イエローハット社には企業理念がないことを知り、大きなショックを受けました。

そこで、企業理念は行動に結びついたものであり、トップ自らが行うものであることを考えて次のような行動指針をつくりました。

全員があいさつをします。

そうじをします。

はきものをそろえます。

非常に具体的な行動指針で、鍵山社長の「凡事徹底」の精神による社風づくりを大切にしていることがわかります。

トップ自らの実践による心と行動のリストラが、会社の状況を徐々に変えるようになりました。社内はピカピカ、チリ一つ落ちていません。トイレ掃除を通じて、世代や職種を超えたコミュニケーションの輪が広がって協調性がよくなり、社員の仕事にも積極性がみられるようになりました。また、社員がトイレや社内の清掃を自発的に行うようになってからわずか数カ月で、五パーセント台の製品不良率が二パーセント台まで半減し、ムダなものも買わなくなったそうです。

合理主義の経営では、商品を均質化し、効率をあげるためにマニュアルをつくるのが一般的な方法です。しかし、マニュアルに頼る合理化には限界があります。それは、仕事に心をこめ、ものに心をこめる訓練がマニュアルではできないからです。凡事徹底は、もの・技・仕事に心をこめる訓練だと思います。

田中社長の会社は社員参加型の経営が特色です。経営内容を公開するばかりでなく、利益や成果配分までも社員に考えさせます。社員が高い給料を望めば、それに見あった経営計画を社員が考えなければなりません。これは「共創経営」と呼ぶことができます。

〈いのち〉を活かす日本文化の伝統

❖連続的世界観に基づく日本文化

心技体の一致という「道」の精神は、生き方としての心と、心をこめる技術、礼儀作法などにみられる体《からだ》の使いかたを統合した人間性の向上を目指していますが、ここに心と技と体《からだ》の〈つながり〉を大切にする日本文化の伝統を見ることができます。〈つながり〉を大切にする文化――これは日本の伝統文化の大きな特徴です。

第三部で、日本の伝統文化では、神仏と人と自然を分離しない連続的自然観が背景となっている点について触れましたが（一〇七ページ参照）、心と体と技術を分離しない「道」の精神も同じ特質をもっていることがわかります。このように、対象を分離しないでとらえる「ものの見かた」を「連続的世界観」と呼ぶことにすると、日本の文化的伝統は連続的世界観を土台として形成されてきたと考えることができます。

これに対して、西洋文明では神と人と自然は明確に分離しています（七三ページ参照）。また、自然科学では心と物質を分離し、物質だけを研究対象としていますし、さらに物質

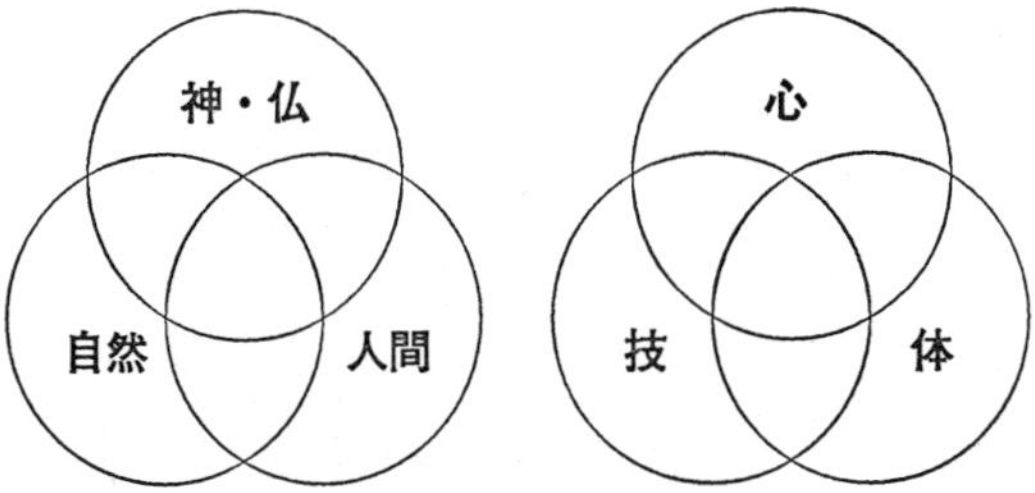

図7,日本文化を支える連続的世界観

日本の伝統文化では、神仏・自然・人間や心・技・体は明確に分かれていない。

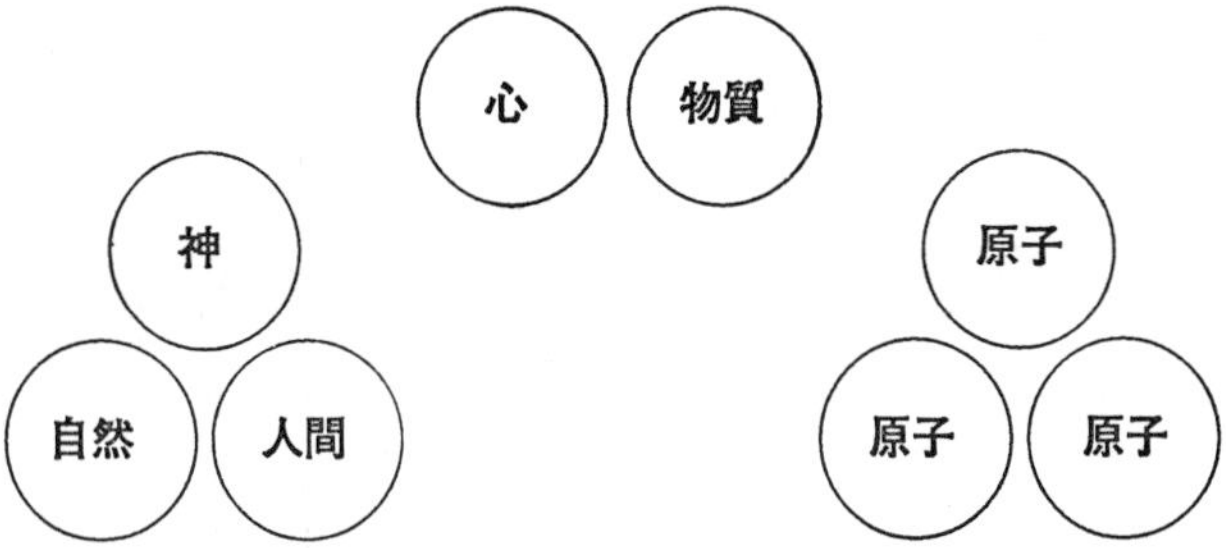

図8,西洋文化を支える非連続的世界観

西洋文化では、神・自然・人間は明確に分かれており、科学では心・物質が分かれ、物質は原子や分子の集合体とみなされる。

を分子、原子というように細かな要素に分解して調べます。このように、対象を要素に分解してとらえる「ものの見かた」を「非連続的世界観」と呼ぶことにすると西洋文明は、非連続的世界観を土台として形成されてきたと考えることができます。

このように、欧米の文化と日本文化は、全く異なった世界観を土台として発達してきたので、欧米人の常識で日本文化を理解することは困難です。数十年前の日本の敗戦の後で、米国の占領軍によって多くの日本文化が否定されましたが、その背景として両国の文化を支える世界観の違いが障害となっていたことに注目しておく必要があります。例えば、武道は軍国主義につながるという理由で禁止されたのですが、その影響がいまだに尾を引いていて、「道」の本質的な意味をいまでも正当に評価していない日本人が多いのは残念なことです。

戦後数十年間、日本では米国の影響を強く受けた教育が行われてきましたから、戦後の教育を受けた日本人自身が日本文化を正当に評価できないのは、やむを得ないことなのかも知れません。けれども、混乱状態に陥っている日本文化を蘇《よみがえ》らせるには、連続的世界観という視点から、日本文化の意味と価値を再評価することによって祖国の文化に対する自信と自覚をとりもどし、日本民族と日本の国のアイデンティティを確立しなければなりません。

「顔の見えない日本人」という国際社会の評価は、祖国の文化的固有性に対する自覚を失った現代の日本人の弱点を端的に表しています。国際化が進めば進むほど、国と民族に対する誇りと自覚を鮮明に持たなければ、国際社会における存在価値が失われてしまいます。

このような危機感を背景として日本文化の再評価を試みたのが、拙著『複雑系思考でよみがえる日本文明』(法蔵館)です。複雑系というのは、二〇世紀末に科学の世界で使われるようになった言葉ですが、これまで述べてきた開放系がもっと複雑に組み合わされたシステムと考えればよいと思います。したがって、複雑系という言葉は、科学の世界で連続的世界観が評価され始めたことを意味しています。

開放系や複雑系というのは、〈つながり〉を重視する「ものの見かた」ですから、複雑系という視点から日本文化の特質を見直すと、〈つながり〉を大切にする日本文化の意味や価値がよくわかることになります。

❖「むすび」の尊重と陰陽調和の思想

現在の日本の歴史教育では、『古事記』や『日本書紀』はあまりとりあげられませんが、古代の日本人がどのような「ものの見かた」を土台として生きていたかを知る手がかりとして調べると興味深いことがわかります。例えば、『古事記』の冒頭に、天地創造の三神として、天之御中主神《あめのみなかぬしのかみ》、高御産巣日神《たかみむすびのかみ》、神御産巣日神《かみむすびのかみ》の名が挙げられています。「むすび」

という言葉が二神に使われているのは、天地創造のはたらきを「むすび」という言葉で象徴していることを示唆《しさ》しています。「むすび」は「産霊」とも書きますが、自然界が秩序を産み出す霊妙なはたらきを意味しています。古代の日本語では音《おん》が重要な意味をもっていますので、「産霊」と「産巣日」は漢字が違いますが、音が同じなので、同じような内容を表していると思われます。

すなわち、「むすび」は、現代の言葉で言えば、開放系または複雑系としての自然が秩序を形成する機能を意味していることになり、私が定義した〈いのち〉と本質的に同じ意味をもっていることになります。「むすび」に畏敬《いけい》の念をもち、「むすび」を大切にしてきた日本文化の伝統は、私が提唱する〈いのち〉を活かす生きかたと軌を一にするものであり、現代科学がたどりついた自然観と少しも矛盾しておりません。

神社で、子供の誕生や七五三など、「生」や「成長」に関わる行事が多いのは「むすび」尊重の伝統をよく表しています。また、並んでいる山を男と女に見立てたり、対になっている岩を夫婦《めおと》に見立てて、しめ縄を張るのは、男女の「結び」による生の誕生に畏敬《いけい》の念をもち、このような自然の「はたらき」を重視してきた古代の日本人の自然観をよく表しています。

自然界の秩序形成の典型的な象徴は、男性と女性、雄と雌の「結び」による子供の誕生であり、生命の連続性です。男性と女性の「結び」を、陽と陰の「はたらき」による秩序形成の象徴とみなし、それを「活かす」ことを尊重してきたのが日本文化の特質です。中国の陰陽が変化や相対性を重視しているのに対して、日本では陰陽による秩序形成を重視しているのが大きな特質であると私は考えております。

この特質は、個人を大切にする欧米文化と比較すると、その特徴がよくわかります。欧米社会では、個人という存在に基本的な価値を置いているので、自由、平等、男女同権というような個人的な価値が大変重要視されます。これに対して、日本の伝統文化では、陰陽という異なった機能の「結び」としての夫婦和合が重視されてきました。これは、陰陽という異質の機能の〈つながり〉に価値基準を置いた文化であるとみなすことができます。陰陽の〈つながり〉は平等の関係ではありません。陰陽はお互いに補い合う関係によって秩序を生み出しますから、「陰陽補完」という機能に価値基準を置いているのが日本文化の特質であると言い換えることができます。

すなわち、個人という「存在」重視の欧米文明に対して、陰陽補完という「関係性」を重視するのが日本文化の伝統です。個人を重視する欧米では、社会は個人の集合体とみなされます。これは、物質を原子や分子の集合体とみなすのとよく似ていますので、非連続的世界観を反映していると思われます。これに対して、日本の伝統文化では陰陽という機能の「関係性」を重視していますから、連続的世界観を土台とした文化であることがわかります。また、機能(はたらき)を土台として生きかたを考えるのは、固定した構造を持たない複雑系を、機能を土台として研究するのとよく似ています。従って、複雑系という視点から日本文化を見直すと、その特質がよくわかることになります。

陰陽補完の重視は、陰陽調和の尊重と言いかえることができます。調和とは対立のない平和な世界を意味します。ですから、陰陽調和の精神は、必然的に平和、和合を大切にする文化につながります。よく、日本人は農耕民族だから「和」を大切にする伝統が生まれた、と言われますが、農耕が始まる以前の縄文時代に「和」を大切にする文化的伝統が培《つちか》われていたようです。

近年発掘された日本の縄文時代の遺跡の研究によって、世界に例を見ないような特筆すべき文化的特徴が浮かび上がっています。一つの大きな特徴は、人を殺す武器がみつかっていないということです。およそ一万年以上の長期間にわたって戦争のない平和な時代が続いた文化は世界に例がありません。

また、三内《さんない》丸山《まるやま》遺跡に見られるような、数百人の規模の集落の墓には大小の区別がなく、副葬品もみな同様だったと報告されています。巨大な柱による大きな建物の遺跡が、特定の人々の住居ではないかという推定があり、身分、階級の差があったという見かたも強まっていますが、たとえそうだとしても、特権階級を誇示するような大きな墓がないという事実は、古代オリエントに比べれば、はるかに平等な社会であったと考えられます。

これらの事実は、縄文時代の人々が平和と和合を大切にする文化を営んでいたことを示《し》唆《さ》しています。少なくとも、縄文時代には人と人との〈つながり〉を大切にする豊かな人間関係が培われていたと考えてよさそうです。このように〈つながり〉を大切にする縄文の文化的伝統が、連続的世界観を土台とする儒教や仏教の受容を容易にしたのだと考えられます。

陰陽の「結び」による秩序形成は、自然界における「共創」の機能を象徴し、平和と和合を尊重する人と人との〈つながり〉は、人間社会の「共創」の姿を反映しています。これは、「共創」という言葉で表現された複雑系の秩序形成機能が、「補完」と「調和」という原理によって支えられていることを意味しています。すなわち、日本の伝統文化は「補完」と「調和」を重視した「共創社会」の形成という特質をもっていたとみなすことができます。

❖二一世紀に活かす日本文化の特質

これまで、西洋文明に近づくことが「近代化」であり、「進歩」であると思われてきました。けれども、これまで述べてきたように、西洋文明を支えてきた非連続的世界観は、決して絶対的な「ものの見かた」ではなく、相対的な「ものの見かた」に過ぎません。

そればかりか、二〇世紀後半になって、非連続的世界観に対する軌道修正の動きが現れ始めたのです。ホリスティック医学や、ホリスティック教育、開放系、複雑系といった新しい用語は、このような時代潮流を反映しています。

日本は明治維新以来、一目散に西洋文明のあとを追いかけてきましたが、このような時代潮流の意味を熟慮して、二一世紀に日本が歩むべき道をしっかりと見定めるべき時期にさしかかっています。

連続的世界観を土台とする文化と非連続的世界観を土台とした文化は本質的に異なった特徴をもっており、それぞれに長所、短所があります。また、文化的伝統は、それぞれの民族が生活してきた地域の気候風土と深い関係があり、一朝一夕に変えられるものではありませんし、また安易に変えるべきでもありません。

明治維新以後、日本が短期間に近代化をなし遂げたのは評価すべきですが、日本が進むべき道と欧米が進むべき道の差異を明確に見極めていなかったという点については、深く反省すべきだと思っております。

私見を述べるならば、日本は連続的世界観を土台とした文化の伝統を大切にしながら欧米文化の長所をとり入れ、欧米は非連続的世界観を土台とした文化の伝統を守りながら、東アジアの文化の長所をとり入れるという姿勢が大切だと思われます。

また、日本には陰陽補完という良い伝統がありますから、二一世紀の日本は、欧米文明の欠点を補う文明的補完の役割を果たす使命があると私は思っております。今のところ、欧米文明は歴史の表舞台に立つ陽の役割を果たしていますから、日本は陰の立場で欧米文化の欠点を補うことが大切です。陰の役割が単なる陽への追随を意味するものでないことは言うまでもありません。陰には陰の役割があり、陽には陽の役割があって、両者が補い合うことによって、新しい文明が生まれるという点に大切な意味があります。複雑系という視点から見た日本文化の再評価が、二一世紀の日本人の使命を考える上で役に立つことを願っています。

〈参考文献〉

第一部

国際スコーレ協会「すこーれ」一九九一年一二月号
松原雄一、小若順一著『暮らしの安全白書』学陽書房、一九九二年
森昭雄著『ゲーム脳の恐怖』日本放送出版協会、二〇〇二年
高橋史朗、木村治美、石川光男、草野忠義共著『新しい日本の教育像』富士社会教育センター、二〇〇一年
西岡常一著『木に学べ』小学館、一九九一年

第二部

㈶富士社会教育センター教育総合研究所「基本問題委員会」編著『新しい生活文化の創造』同センター、一九九二年
J・ランファル著『地球エシックス』江口陽子監訳、講談社、一九九二年
A・キング、B・シュナイダー著『第一次地球革命』田草川弘訳、朝日新聞社、一九九二年

第三部

宮脇昭著『植物と人間』NHKブックス、日本放送出版協会、一九七〇年
丸橋賢著『ほんとうは防げる歯槽膿漏』農山漁村文化協会、一九八九年

松原純子著『いのちのネットワーク』丸善ライブラリー、丸善、一九九二年
S・ロック、D・コリガン著『内なる治癒力』池見酉次郎監修、田中彰他訳、創元社、一九九二年
石川光男著『生命思考』TBSブリタニカ、一九八六年
石川光男著『西と東の生命観』三信図書、一九九四年
池見酉次郎他編、石川光男他著『ニューサイエンスと東洋』誠信書房、一九八七年
石川光男著『ニューサイエンスの世界観』たま出版、一九八五年
金泰昌他著『共生と循環の思想を求めて』(京都フォーラム講演集)日本放送出版協会、一九九二年
福智盛、永田照喜治著『完熟野菜果物づくり』創元社、一九八三年
朝日新聞科学部著『歯無しにならない話』朝日新聞社、一九八四年

第四部

草柳大蔵、船井幸雄、石川光男著『「心の時代」の人間学講座』RRC、一九九二年
緒方知行「すべて儲けとコストから入る旧来の経営の常識をぶちこわせ」(「2020アドバンスト・インテリジェンス・マガジン」)一九八九年八月号
P・F・ドラッカー著『未来企業』上田惇生他訳、ダイヤモンド社、一九九二年
北矢行男「日本版未来企業—第3世代のエクセレント企業づくりのために」(「週刊ダイヤモンド」)一九九二年八月一五・二二日号
大和信春、清水義晴、石川光男著『生命思考—企業経営に生かす』(対談)博進堂文庫、博進堂、

一九九三年
門脇邦弘「人間らしく生きる—生き生き村から、根・知・和」(「オーム」)㈱創工、一九八九年九月号
手塚郁恵著『森と牧場のある学校』春秋社、一九九一年
黒田正典、山之内義一郎、小千谷小学校著『喜びを創る学校』新潟県小千谷小学校教育研究会、一九九二年
石川光男「気と現代科学の接点」『気は挑戦する』(別冊宝島103)JICC出版、一九八九年
NHK取材班著『驚異の小宇宙・人体3—消化吸収の妙〜胃・腸』日本放送出版協会、一九八九年
石川光男・高橋史朗編「ホリスティック医学と教育」(「現代のエスプリ・三五五号」)至文堂、一九九七年
石川光男著『自然に学ぶ生活の知恵』日本教文社、二〇〇三年

第五部

内海紀章著『日本大正村』(朝日ブックレット83)朝日新聞社、一九八七年
神渡良平著『立命の研究』致知出版社、一九九二年
鍵山秀三郎、寺田清一、田中義人「感謝は人間の花である」(鼎談)(「致知」)一九九八年十月号
石川光男著『複雑系思考でよみがえる日本文明』法蔵館、一九九九年

おわりに

「共生」を超える生きかたのキーワードとして考えた「共創」は、いまではいろいろな分野で使われるようになりました。私がつくった言葉が一人歩きをするのはうれしいことなのですが、私が意図していた意味とはかなり違った意味で使われる場合が多いので少し気になっています。

現在マスコミで使われている用語の使いかたから判断すると、「共創」ではなく「協創」の意味が強いように思います。人間の組織にあてはめれば、「共創」は深い使命感と高い人間性から生まれる自発的、自律的な協調を意図していますが、「協創」は利害の一致を条件とした、意図的で肩に力が入った協力という意味が強くなります。

そのような事情を考慮して、改訂版では「共創」と使命感や生きかた、人間性との関連についての説明を増やしました。第四部で「使命度」という言葉を使っていますが、これは初版では使っていなかった新しい造語です。

初版の『自然に学ぶ共創思考』は、〈いのち〉を活かすライフスタイル全体についての入門編という心づもりで書き、その後に、健康、教育、組織などの各論を書くつもりでいたのですが、各論になかなか手がつけられないまま、十年の歳月が流れてしまいました。

このたび、心身の健康を中心とした『自然に学ぶ生活の知恵』が日本教文社から出版されることになり、それに合わせて『自然に学ぶ共創思考』の改訂版の作業を進めました。そのため、『自然に学ぶ生活の知恵』との関連を考えて、用語の統一を図ることができました。

改訂版の出版に御力添えをいただいた日本教文社の方々、特に辛抱強く改訂版の実現に御尽力下さった編集部の渡辺浩充氏に心からお礼を申し上げたいと思います。

石川光男

二〇〇三年三月

＊――〈著者紹介〉一九三三年札幌市生まれ。一九五九年北海道大学理学部大学院修士課程修了。理学博士。専攻は高分子物理学。現在、国際基督教大学名誉教授。理科・文科の両分野にまたがった学際研究に強い関心を持ち、幅広い研究活動を続ける一方、国際会議の経験も豊富。日本人体科学会理事、生命エネルギー研究所顧問、日本ホリスティック医学協会顧問。著書に『生命思考』(TBSブリタニカ)、『ニューサイエンスの世界観』(たま出版)、『西と東の生命観』(三信図書)、『複雑系思考でよみがえる日本文明』(法蔵館)、『自然に学ぶ生活の知恵』(日本教文社)、訳書に『光学』(ウェルフォード著、丸善)などがある。

自然《しぜん》に学《まな》ぶ共創思考《きょうそうしこう》〈改訂版〉
——「いのち」を活《い》かすライフスタイル

初版発行——平成一五年四月二五日

著　者——石川光男《いしかわみつお》〈検印省略〉
発行者——岸　重人
発行所——株式会社　日本教文社
東京都港区赤坂九—六—四四　〒一〇七—八六七四
電　話〇三(三四〇一)九一一一(代表)　〇三(三四〇一)九一一四(編集)
FAX〇三(三四〇一)九一一八(編集)　〇三(三四〇一)九一三九(営業)
振替＝〇〇一四〇—四—五五五一九
印　刷——飯島印刷
製　本——光明社

ISBN4-531-06382-1